图解 TCP/IP

吴灿铭 著

清華大學出版社
北京

内 容 简 介

本书以图解方式讲解 TCP/IP 网络协议，辅以范例解析 TCP/IP 网络协议的内涵。

全书按十堂课的时长精选内容：从介绍网络的基本概念，通信网络规模、数据传输交换技术入手；接着重点介绍网络模型与相关连接设备，包括 OSI 参考模型、DoD 参考模型（TCP/IP 网络协议）、网络设备以及有线通信传输介质等；再以网络分层架构为主干，介绍 IP 地址与相关应用、解析 IPv6 与未来发展、ARP 与 ICMP 协议、UDP 与 TCP 协议、因特网与应用协议、DNS 及其架构、DHCP 协议的概念与运行流程以及网络管理与网络安全相关的议题等；章末提供课后练习。

本书内容浅显易懂，图文并茂，可以帮助入门读者轻松掌握 TCP/IP 协议中必备且不易理解的知识；希望可以助力 TCP/IP 网络协议入门者学会 TCP/IP 网络协议分层架构的核心理论。

图书在版编目（CIP）数据

图解 TCP/IP/吴灿铭著. —北京：清华大学出版社，2021.12(2024.7 重印)
ISBN 978-7-302-59639-4

Ⅰ. ①图… Ⅱ. ①吴… Ⅲ. ①计算机网络—通信协议—图解 Ⅳ. ①TN915.04-64

中国版本图书馆 CIP 数据核字（2021）第 248805 号

责任编辑： 夏毓彦
封面设计： 王　翔
责任校对： 闫秀华
责任印制： 曹婉颖

出版发行： 清华大学出版社
网　　址： https://www.tup.com.cn, https://www.wqxuetang.com
地　　址： 北京清华大学学研大厦 A 座　　**邮　　编：** 100084
社 总 机： 010-83470000　　**邮　　购：** 010-62786544
投稿与读者服务： 010-62776969，c-service@tup.tsinghua.edu.cn
质量反馈： 010-62772015，zhiliang@tup.tsinghua.edu.cn

印 装 者： 三河市君旺印务有限公司
经　　销： 全国新华书店
开　　本： 170mm×230mm　　**印　　张：** 14.25　　**字　　数：** 353 千字
版　　次： 2022 年 1 月第 1 版　　**印　　次：** 2024 年 7 月第 3 次印刷
定　　价： 59.00 元

产品编号：094736-01

序

在网络世界中，为了让所有计算机都能互相沟通，必须制定一套可以让所有计算机都能够理解的语言，这种语言其实就是协议（protocol，网络数据交换规则）。

TCP/IP网络协议最早于1982年提出，当时TCP/IP的架构又被称为TCP/IP模型。同年，美国国防部（Department of Defense）将TCP/IP纳为它的网络标准，所以TCP/IP模型又被称为DoD模型。DoD模型主要强调的是以TCP/IP网络协议为主的因特网（Internet），是一个业界标准（de facto，为既成事实的标准），虽然并未经公信机构标准化，但是推行已久，加上TCP/IP网络协议的普及，因此广为业界所采用。现在TCP/IP网络协议不仅可以应用于因特网上各种类型的计算机进行联网与数据传输，甚至可以应用于信息家电（3C产品）、汽车、物联网或云计算等设备之间的数据传送。

本书以图解方式讲解TCP/IP网络协议，共分为十堂精选课程。在全书的撰写过程中，以内容浅显易懂及图文并茂为原则，帮助读者轻松学习这些原本不易理解的知识。希望可以满足TCP/IP网络协议入门学习者的需求。

全书一开始先介绍网络的基本概念，包括认识计算机与网络、通信网络规模、数据传输交换技术、网络科技的创新发展等，希望可以让读者快速掌握有关网络的基础知识。接下来重点介绍网络模型与相关连接设备，包括OSI参考模型、DoD参考模型（TCP/IP网络协议）、网络模型的运行方式、网络设备以及有线通信传输介质等。之后几章以网络分层架构为主干，分别介绍各个分层架构中必须了解的重点知识，包括IP地址与相关应用、解析IPv6（IP version 6）与未来发展、ARP与ICMP协议、UDP与TCP协议、因特网与应用协议、DNS及其架构、DHCP协议的概念与运行流程等，在这些章节中会谈论这些网络协议的内涵与应用、数据包格式及实现原理，希望能够帮助读者更深入地学习TCP/IP网络协议分层架构的核心理论。

最后一章探讨网络管理与网络安全相关的议题，包括网络管理功能简介、SNMP与其他网络管理协议、网络安全、数据加密及网络交易安全机制。总之，笔者期盼通过本书各个章节的阐述为读者提供完备的TCP/IP网络协议的重点知识。

目 录

第 1 章 大话计算机与网络

计算机是20世纪以来人类最伟大的发明之一，对于人类的影响和冲击远远超过工业革命所带来的影响和冲击。计算机是一种具备了数据处理与计算的电子设备。随着计算机时代的来临，各行各业都大量使用计算机来提高工作效率，无论是汽车修理工、医生、老师、电视台的记者还是航天飞机的飞行员，计算机早已融入现代人生活与工作的方方面面。

就个人计算机而言，1981年IBM公司推出了IBM PC，从此开创了PC的辉煌时代，从最早期具有4.77MHz主频CPU的Apple II，到现在具有5.1GHz+主频的Intel Core i9（酷睿i9）CPU的PC，除了计算机整体性能不断大幅度提升之外，连其外观也更符合时尚及人体工学原理。计算机这种史无前例的高速成长，不但实现了全球信息的广泛交流，也全面影响着人类的生活形态——衣、食、住、行、育、乐等各个方面都受惠于计算机科技的快速发展与应用。

提　　示
MHz是CPU主频的单位，也是CPU的时钟频率。MHz指CPU每秒完成百万次操作，GHz则是指每秒完成10亿次操作。一般而言，同一种型号的CPU，其时钟频率越高执行速度越快。

一台配备齐全的现代化计算机包括主机、屏幕、键盘、鼠标和音箱，如图1-1所示。

屏幕
计算机的输出设备，可将计算机处理后的信息显出来，又称为显示器

音箱
计算机的输出设备，可将计算机系统处理后的声音信号通过声卡进行转换和输出

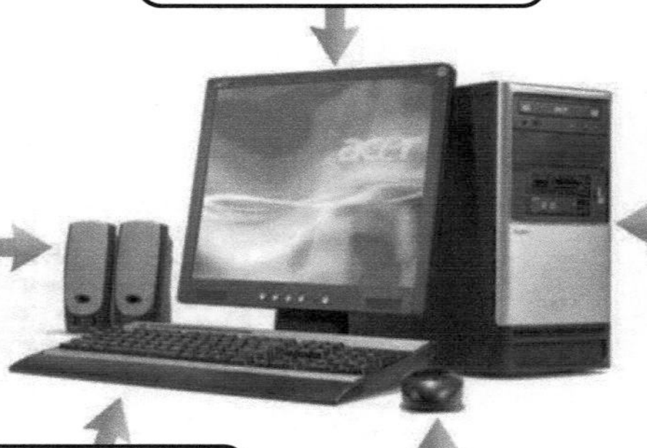

主机
计算机的运行与控制中枢，内部包括主板、CPU、内存与显卡等部件

键盘
计算机的输入设备，可通过按键操作将指令告知计算机去执行

鼠标
计算机的输入设备，也是图形界面的操作系统中最方便的操作工具

图 1-1　一台配备齐全的现代化计算机

≫ 1.1　计算机与网络

网络（Network），最简单的说法就是一种连接各种计算机和设备的链路，并且可为链路上的这些节点提供一致性的服务。网络最重要的一项特质就是互动，以太网的发明人Bob Metcalfe曾说过网络的价值与上网的人数呈正比，而如今全球已有数十亿上网人口。因特网（Internet）的蓬勃发展带动了人类有史以来最大规模的信息革命与社会变革，以及网络与计算机科技的高度发展与融合，引发了人类在民族、娱乐、通信、政治、军事、外交等诸多方面前所未有的革命。

经由网络的连接，电子化政务让民众能够上网办理各项业务，如图1-2所示。

图 1-2　网络便民示例

提　　示

摩尔定律（Moore's Law）是由英特尔（Intel）名誉董事长摩尔（Gordon Mores）于1965年所提出的，他指出半导体芯片不断向前快速发展的规律，具体是指在一个尺寸相同的集成电路芯片上所容纳的晶体管数量会因为制程技术的不断提升与进步大约每隔18个月增加一倍，芯片的运算速度也会随之加倍。

1.1.1 网络的定义

网络（见图1-3）可视为是包括硬件、软件与线路链接或其他相关技术连接的结合体，网络让许多用户可以随时存取网络上的共享数据与运行网络上的程序，甚至可以不在他们自己本地的计算机上保存这些数据与程序备份。

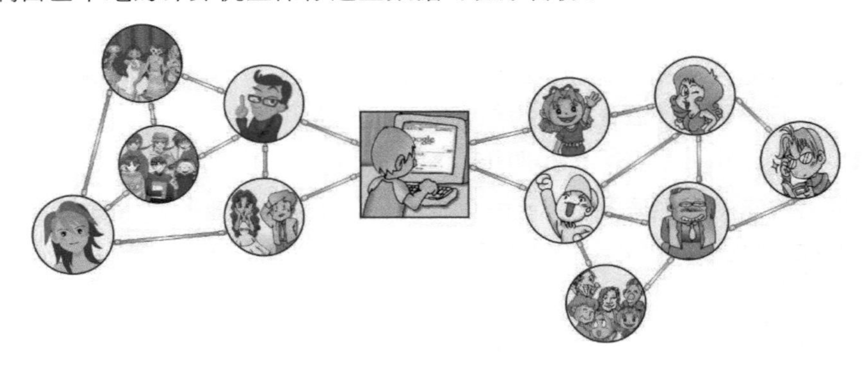

图 1-3 网络系统是由许多节点连接而成的

提 示

以太网（Ethernet，见图1-4）是目前使用最普遍的计算机局域网技术。1976年Xerox PARC（施乐帕克研究中心）将以太网正式转为实际产品，到1979年DEC、Intel、Xerox三家公司（称为DIX联盟）将以太网技术规格交由IEEE协会（电气与电子工程师协会）制定成标准，IEEE公布适用于以太网的标准为IEEE 802.3标准。一般我们常称的“以太网”就是指IEEE 802.3标准中所规范的以太网。

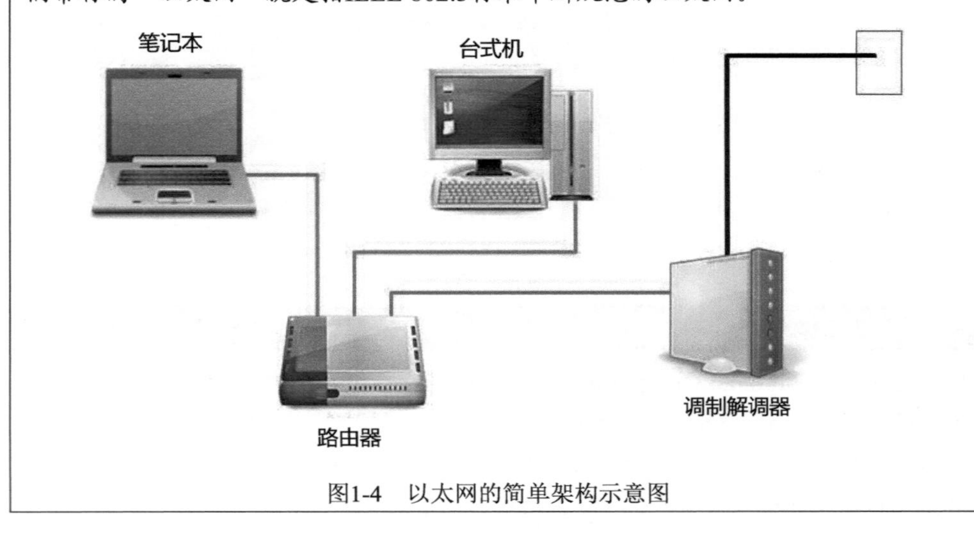

图1-4 以太网的简单架构示意图

历史上的第一个网络是以电话线路为基础的，也就是公共交换电话网络（Public Switched Telephone Network，PSTN）。连接网络的介质除了常见的双绞线、同轴电缆、光纤等有线传输介质，还包括红外线、微波等无线传输介质。一个完整的通信网络系统组件不仅仅包括计算机与其接口设备，还包括固定电话、移动电话、平板电脑等。也就是说，任何一个通过传输介质相互连接的架构，架构中的各个节点可以彼此沟通与交换数据，即可称之为“网络”。换句话说，就是利用一组通信设备，通过各种不同的传输介质将两台以上的计算机和设备（网络节点）连接起来，让这些网络节点彼此之间可以实现“资源的共享”和“消息的传递与信息的交流”。

- 资源的共享：包含在网络中的文件或数据都可以让网络上的用户分享、使用与管理。
- 消息的传递与信息的交流：网络上的用户彼此之间可以传递消息与交流信息。

一个完整的网络是由5个组件组成的，如表1-1所示。

表 1-1　网络组件

网络组件	功能说明
数据终端组件	在网络上负责传送与接收数据的设备，例如个人计算机与工作站等
数据通信组件	将数据终端组件中的数字信号转换成模拟信号，例如调制解调器
数据交换组件	一种数据传输控制的互连设备，例如路由器、集线器等
通信传输组件	在通信网络中传递数据与消息的传输介质，例如电话线、同轴电缆、光纤等
通信信号组件	在网络中所传输的数据必须先转换成某些信号（如电波或光波）才能在通信传输介质中传送，例如模拟信号

1.1.2　网络操作系统种类

网络操作系统的设计和发展与计算机硬件架构有着密切的关系，接下来我们将介绍各种类型的网络操作系统及其发展过程。

1. 批处理操作系统（Batch Operating System）

早期的单机型计算机都是以打孔卡片存储数据的（见图1-5），如PDP-11/44机型，而CPU的运行是由卡片阅读机（Card Reader）读入数据或信息，接着读入汇编器、编译程序、链接器。由于I/O设备的执行速度远低于CPU的执行速度，因此经常使得CPU闲置，为了提升计算机的工作效率，可将所有的工作一次大量处理，以提高单位时间内的作业量。简单来说，用户必须把想要执行的程序逐次排序好。当要处理时才到存储介质中读取数据，并由操作系统将其放入CPU的批处理作业队列中，排队等候执行。

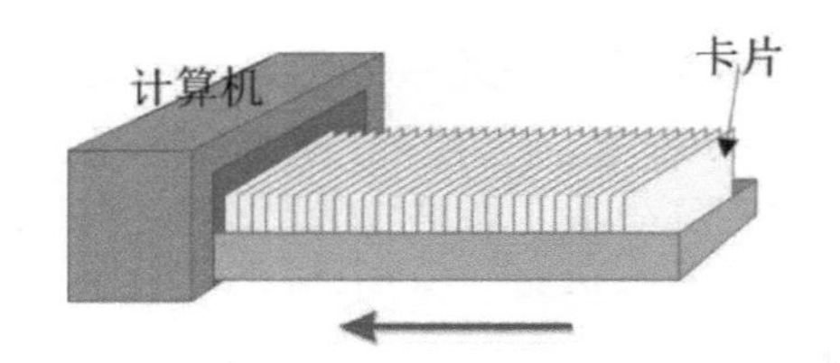

图 1-5 早期的单机型计算机以打孔卡片存储数据

2. 分时操作系统（Time Sharing System）

分时操作系统的运行原理是让一台计算机连接多个终端设备，将CPU时间分割成一连串的时间片（Time Slice或Time Quantum），并以交替方式执行各个待命程序，也就是为用户提供CPU运行时间的一小段（时间片）。此外，加载执行内存中的程序片段通常被称为进程（Process），也被称为多任务处理。分时系统最适合处理所谓的交互式（Interactive）作业。交互式作业和批处理作业最大的不同在于交互式作业要求计算机能马上进行响应，而批处理作业有可能将作业送入计算机，必须一直等到作业处理结束才可以执行另外一道作业。

3. 分布式操作系统（Distributed Operating System）

分布式操作系统（见图1-6）是一种架构在网络之上的操作系统，并随着网络的普及而日益重要。在这种分布式系统的架构中，借助网络资源共享的特性，为用户提供更强大的功能，并借此提高系统的计算性能。在分布式操作系统中，任何远程的资源都被操作系统视为自身的资源可以直接存取，让用户感觉就像在使用一台计算机一样。随着各种硬件价格的下降与计算机网络技术的发展与进步，分布式操作系统中各台计算机中的CPU拥有各自的内存，当CPU之间要交换消息时通过通信线路来完成。

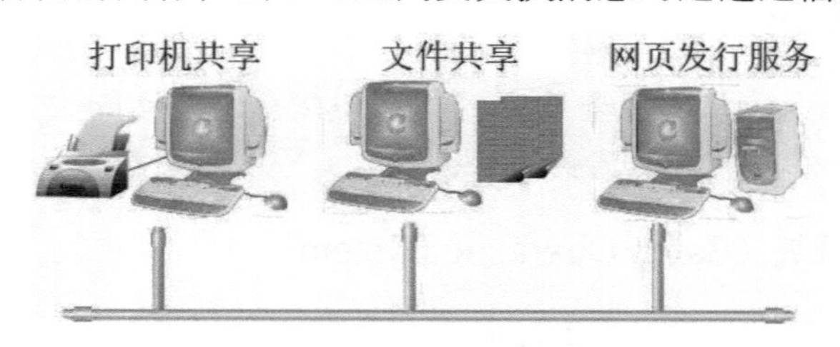

图 1-6 分布式操作系统处理数据的示意图

4. 集群操作系统（Clustered Operating System）

集群操作系统通常指的是在分布式系统中利用高速网络将许多台设备与性能可能较低的计算机或工作站连接在一起，形成一个设备与性能较高的服务主机系统。集群操作系统是多台独立计算机的集合体，每一台独立的计算机都有它自己的CPU、专属内存和操作系统，用户可根据需要取用或分享此集群操作系统中的计算及存储能力，如图1-7所示。

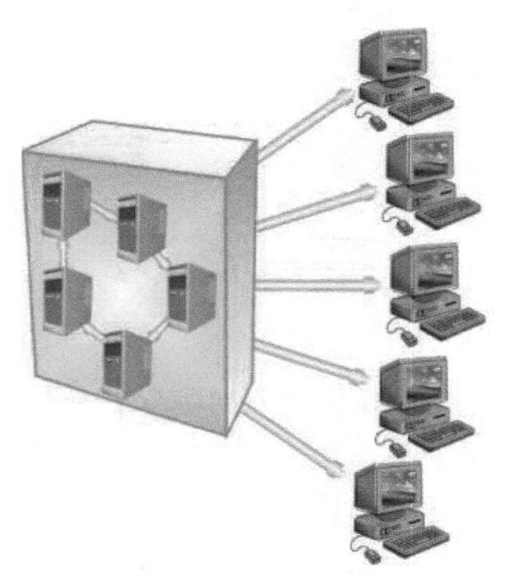

图 1-7　集群操作系统的示意图

集群计算可以用来提高系统的可用性（Availability），当集群系统中的某节点发生故障而无法正常运行时，可以重新在集群系统中的其他节点执行该故障节点的程序。

1.1.3　主从式网络与对等式网络

从资源共享的角度来说，通信网络中计算机之间的关系可以分为主从式网络（Master-Server Network，见图1-8）与对等式网络（Peer-to-Peer Network，见图1-9）两种。

图 1-8　主从式网络的示意图

图 1-9　对等式网络的示意图

1. 主从式网络

在通信网络中，安排一台计算机作为网络服务器，统一管理网络上所有客户端所需的资源（包含硬盘、打印机、文件等）。其优点是网络的资源可以共管和共享，而且通过服务器存取共享资源，安全性也较高；缺点是必须有专业的网络管理人员，同时软硬件的成本较高。

2. 对等式网络

在对等式网络中，并没有主服务器，网络上的每台计算机都具有同等级的地位，并且可以同时享用网络上每台计算机的资源。其优点是架设容易，不必另外设置一台专用的网络服务器，成本花费较低；其缺点是资源分散在各台计算机上，网络的管理与安全性都有一定缺陷。

1.1.4　通信传输方向

通信网络按照通信传输方向来分类，可以分为3种模式。

1. 单工（Simplex）

单工是指在传输数据时只能进行固定的单向传输，消息的传送与接收都由独立扮演的角色来负责，即负责传送的设备就只负责传送而不负责接收。所以一般单向传播的系统都属于此类，例如有线电视网络、广播系统、扩音系统等。

2. 半双工（Half-Duplex）

半双工是指在传输数据时允许在不同时间内互相交替单向传输，但是一次仅能有一方的传输数据，另一方必须等到对方传送完之后才能传送，也就是同一时间内只能单方向由一端传送至另一端，无法双向传输，例如火腿族（无线电爱好者）或工程人员所用的无线电对讲机。

3. 全双工（Full-Duplex）

全双工是指传输数据时，即使在同一时间内也可同步进行双向传输，也就是收发端可以同时接收与发送数据，例如日常使用的电话系统双方能够同步接听与说话，或者计算机网络联网完成后就可以同时上传或下载文件，这些都属于全双工模式。

> **提　示**
>
> 所谓带宽（Bandwidth），是指固定时间内网络所能传输的数据量，在数字信号传输中以bps为单位，即每秒可传输的位数（bits per second），其他常用传输速率的单位如下：
>
> - kbps：千位每秒，即每秒传送千位数。
> - Mbps：兆位每秒，即每秒传送兆位数。
> - Gbps：吉位每秒，即每秒传送吉位数。

1.1.5　并行传输与串行传输

如果是按照通信网络传输时的线路多寡来分类，则可以分为两种模式，分别是并行传输（Parallel Transmission，见图1-10）与串行传输（Serial Transmission，见图1-11）。

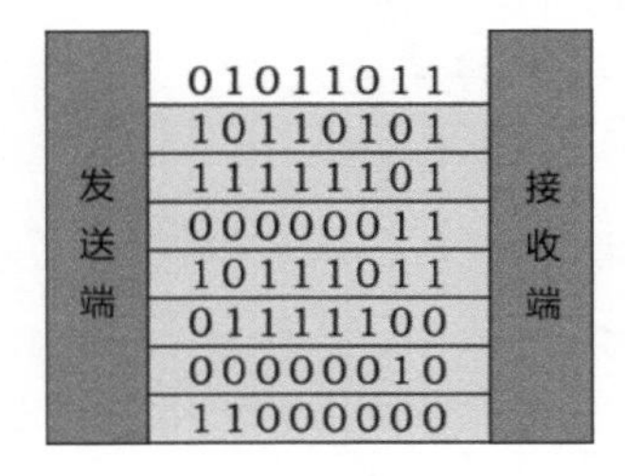

图 1-10　并行传输示意图

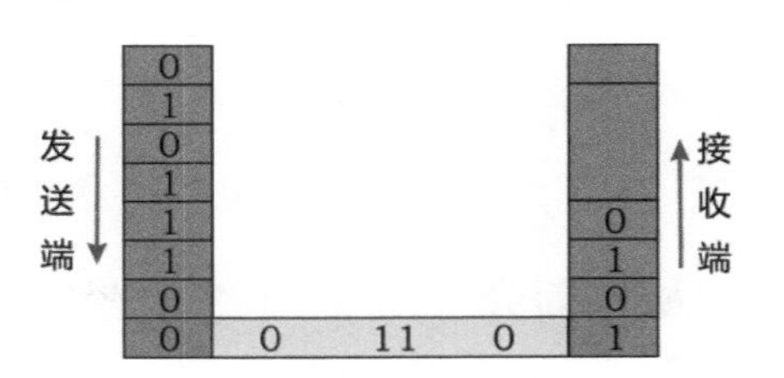

图 1-11　串行传输的示意图

1. 并行传输

并行传输通常用于短距离的传输，通过多条传输线路或数个载波频率同时传送固定位（bit）到目的端点，传输速率快、线路多、成本较高。例如，个人计算机的LPT1端口与计算机内部的控制总线、地址总线上的传输都是并行传输。

2. 串行传输

串行传输通常用于长距离的传输，只用一条通信线路传输一连串的数据，以一个位接着一个位的方式传送到目的端点，传输速率较慢，成本较低。例如，个人计算机的COM1和COM2端口以及RS-232接口的传输就是串行传输。

串行传输还可以按照数据是否同步再细分为同步传输（Synchronous Transfer）与异步传输（Asynchronous Transfer）两种模式。

（1）同步传输模式（见图1-12）：一次可传送数位，在传输过程中，数据以区块（block）的方式传送，并在数据区块的开始和终止位置加上校验位（check bit）。其优点是可以实现较高速的传输，缺点是所需设备的花费较高，而且在传输过程中发生错误时整段传输的数据都会遭到破坏。

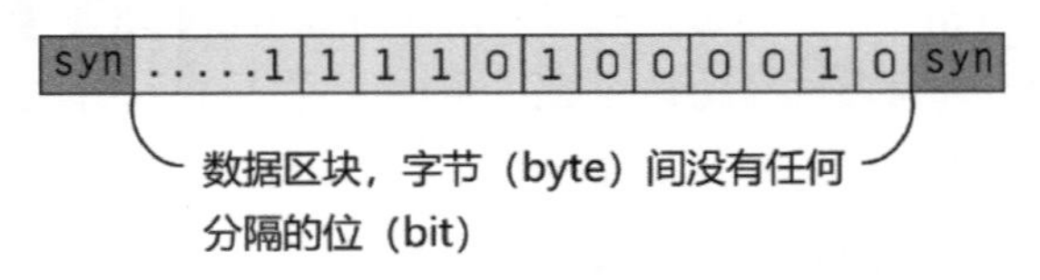

图 1-12　同步传输模式的示意图

（2）异步传输模式（见图1-13）：一次可传送一位，在传输过程中，每位开始传送前会有一个起始位（start bit），传送结束后还有一个停止位（stop bit）来表示结束，这种模式较适合低速传输。

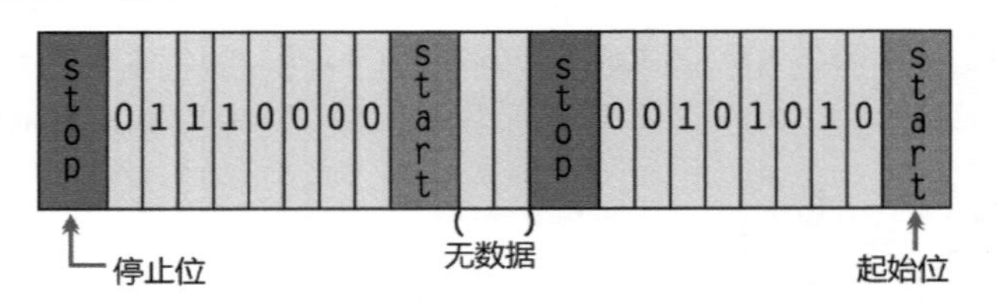

图 1-13　异步传输模式的示意图

1.1.6　协议简介

在网络世界中，为了让所有计算机都能互相沟通，必须制定一套可以让所有计算机都能够了解的语言，这种语言就是协议（Protocol）。协议就是网络数据交换规则，是一种公开的标准，而且会随着时间与用户的需求不断改进，本节将为大家介绍几种常见的有线通信协议。如果不建立共同的标准，就如同两个人说不同的语言，结果就是鸡同鸭讲，如图1-14所示。

图 1-14　不建立共同标准的对话

1. TCP协议

传输控制协议（Transmission Control Protocol，TCP）是一种“面向连接”（Connection）的数据传递方式，可以把控数据包（Packet，也称为包、分组或封包，本书统称为数据包）传送是否正确抵达接收端，并可以提供流量控制（Flow Control）的功能。TCP运行的基本原理是发送端将数据包发送出去之后并无法确认数据包是否正确抵达目的端，必须依赖目的端与来源端“不断地进行沟通”。TCP经常被认为是一种可靠的协议，如果发送端过了一段时间仍没有接收到确认消息，就表示数据包可能已经遗失，必须重新发送数据包。

2. IP协议

因特网协议（Internet Protocol，IP）是TCP/IP协议中的核心，是一个协议族的总称。它在DoD网络模型的网络层（Network Layer），是构成因特网的基础。IP协议是一个“面向无连接”（Connectionless）的传输协议，主要负责主机间网络数据包的寻址与路由，并将数据包从来源处送到目的地。IP协议可以完全发挥网络层的功能，并完成IP数据包的传送、分割与重组。

3. UDP协议

用户数据报协议（User Datagram Protocol，UDP）是位于传输层中运行的网络协议，主要目的就是提供一种无连接的简单数据传输方式，适合应用于小型局域网中。由于UDP在传输数据时不保证数据传送的正确性，因此不需要进行数据验证，使用较少的系统资源，故而适用于一些小型但频率高的数据传输应用场合。

1.2　通信网络规模

按照通信网络的架设规模与传输距离的远近，可以将通信网络分为三种网络类型：局域网（Local Area Network，LAN）、城域网（Metropolitan Area Network，MAN）和广域网（Wide Area Network，WAN）。

提　示

在网络上，数据从发送端到接收端必须通过网络设备将数据转换成传输介质所能承载的信号（模拟信号）才能进行传送，一旦接收端收到承载的信号，就将它转换成可读取的数据（数字信号）。数字信号如同计算机内的高电平或低电平信号，模拟信号则是一种连续性变化的自然界信号（如同人类的声音信号），如图1-15所示。

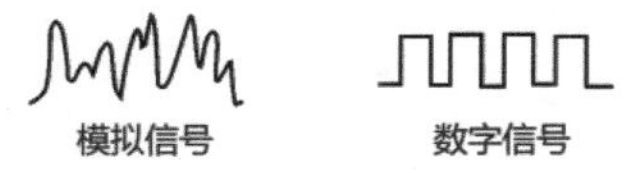

图1-15　模拟信号和数字信号

1.2.1 局域网

局域网是一种最小规模的网络连接方式，覆盖范围可能局限于一个房间、同一栋大楼（见图1-16）或者一个小区域，并在这个网络上实现资源共享的目的。

图 1-16 同一栋大楼内的网络系统一般属于局域网

提　　示
个人网（Personal Area Network，PAN）是指个人范围（随身携带或数米之内）的硬件设备（如计算机、智能手机、平板、笔记本、数码相机等）组成的通信网络，也称为个域网、个人局域网。

1.2.2 城域网

城域网覆盖的区域比局域网大（见图1-17），可能包括一个城市的范围，简单地说就是数个局域网连接所构成的更大网络系统。校园网（Campus Area Network，CAN）是一种小型的城域网，校园各个办公室及其相关机构或组织被连接在一起，例如学校总务处的会计办公室可以连接到教务处的注册办公室。

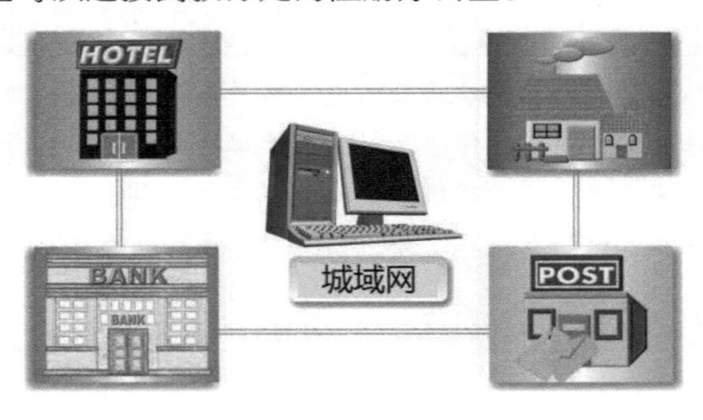

图 1-17 城域网就是将数个局域网连接在一起

1.2.3　广域网

广域网（见图1-18）是利用光纤、电话线、无线电甚至卫星通信等技术将分散各处的无数个局域网与城域网连接在一起，连接的可能是城市与城市、国家与国家，甚至于整个地球。广域网上的网络节点并不一定都在局域网系统中，例如两台距离很远的大型主机都不是局域网的一部分，但仍可通过广域网直接进行通信。因特网就是最典型的广域网。

图 1-18　广域网示意图

1.3　数据传输交换技术

公共数据网络（Public Data Network）是一种在传输数据时才建立连接的网络系统，具有构建成本低、收费低廉、服务项目多等特色。由于数据从某节点传送到另一节点的可能路径相当多，因此如何快速有效地将数据传送到目的端必须借助数据传输交换技术。本节将为大家介绍常见的数据传输交换技术。

1.3.1　电路交换

电路交换（Circuit Switching）技术如同日常所使用的电话系统。当我们要使用时，才拨打对方的电话号码，而后利用线路交换功能来建立连接线路，此线路由发送端开始，一站一站往目的端串联起来。一旦建立好两端间的连接后，它就将维持专用（Dedicated）状态，无法让其他节点使用处于连接中的线路，直到通信结束之后这条专用线路才停止使用。这种方式的费用较高，而且连接速度缓慢。

1.3.2 消息交换

消息交换（Message Switching）技术就是利用带有目的端点地址的消息，在传送过程中选择不同的传输路径，因此线路使用率较高。消息交换使用所谓的“接口消息处理器”来暂时存放要转发的消息，当数据传送到每一节点时，还会进行错误检查，因而传输错误率较低。其缺点是传送速度慢，需要预留较大存储空间来存放待转发的数据，实时性较低，重新传送概率高，不适用于大型网络与实时性的信息传输，通常用于电子邮件这类应用。

1.3.3 数据包交换

数据包交换（Packet Switching，也称为分组交换）技术是一种结合电路交换与消息交换优点的交换技术，利用计算机的存储－转发（Store and Forward）功能，将所传送的数据分为若干数据包，数据包是网络传输的基本单位，是一组二进制信号，每一个数据包中都包含报头与报尾信息。每一个数据包在经由不同路径与花费不同时间传送到目的端点之后，再解开数据包并组装恢复至数据的原来面目，这样可确保网络的可靠性，并随时检测网络的信息流量，适时进行流量控制。其优点是节省传送时间，并可增加线路的使用率，目前大部分的通信网络都采用这种方式。

≫ 1.4 网络技术的创新发展

随着因特网的兴起与蓬勃发展，网络技术更加多元、不断创新，网络应用也随之不断推陈出新，这种发展方式带来的变革成为继工业革命之后彻底改变人们生活方式的又一重大变革。接下来将为大家介绍通信网络对现代社会的重大影响。

提　示

1995年10月2日3Com公司的创始人、计算机网络先驱罗伯特·梅特卡夫（B. Metcalfe）在专栏上提出网络的价值与用户的平方成正比，这个论断被称为梅特卡夫定律（Metcalfe's Law）。它是一种网络技术发展的规律，也就是用户越多，网络的价值越大，产生大者恒大的现象，对原来的用户而言产生的效用也会越大。

1.4.1 云计算

云计算中的“云”泛指网络，因为工程师习惯用云朵来代表网络架构图中的不同网络。云计算（Cloud Computing）就是让用户可以利用简单的终端设备来使用网络上众多服务器提供的各种计算机资源。简单来说，只要连接到云端，就可以存取超大型云端计算机中的数据及计算功能。云计算为企业与客户提供了更大规模、更为便利且具有弹性的服务，其背后隐藏着巨大的商机（见图1-19）。Google公司（网站界面如图1-20所示）的云计算资深副总裁Diane Greene曾说："云计算已经不只是日常用于存储的工具，或只是像人们日常生活中使用'水电燃气'那样易于取用的计算能力，而是可以帮助企业获利的超强工具。"

图 1-19　云计算背后隐藏着巨大的商机

图 1-20　Google 公司是最早提出云计算概念的公司

时至今日，企业营运规模不分大小，普遍体会到云计算的导入价值。云计算不是凭空诞生的，之所以能有今日的云计算，其实不是任何单一技术的功劳，而是包括多核处理器与虚拟化软件等先进技术的不断发展，加上宽带连接的无所不在。云计算就是想让信息服务如同家中水电设施那样方便，可随时使用，如图1-21所示。总之，云计算之所以能够整合计算资源、应对大量计算的需求，关键就在于两种技术：分布式计算、虚拟化技术。

图 1-21　云计算的便捷性

1. 分布式计算

云计算的基本原理源自于网格计算（Grid Computing），以分布式计算（Distributed Computing）技术创造了庞大的计算资源。与网格计算的重点在于整合众多异构平台相比，云计算更容易协调服务器间的信息传递，让分布式计算的整体性能更好。

分布式计算技术是一种架构在网络之上的系统，也就是让众多不同的计算机同时帮我们进行某些计算，或者将一个大问题分成许多部分，分别交由众多计算机各自进行计算，之后再汇整结果。在云计算分布式系统架构中，可以通过网络资源共享的特性为用户提供更强大丰富的功能，并由此提高系统的计算性能。任何远程的资源都被操作系统视为本身的资源，通过分布式计算架构可以让用户直接存取，并且让用户感觉起来像是在使用一台计算机。Google云服务都是使用分布式计算来实现的，如图1-22所示。

图 1-22　Google 云服务

2. 虚拟化技术

所谓云计算的虚拟化技术，就是将服务器、存储空间等计算资源予以整合，让原本运行在真实环境中的计算机系统或组件运行在虚拟的环境中，提高硬件资源的利用率。虚拟化技术最大的作用是让云计算可以整合与动态调整计算资源，根据用户的需求迅速提供计算服务，让越来越强大的硬件资源得到更充分的利用。因此，虚拟化技术是云计算中很重要的基础设施技术。虚拟化技术可以解决物理设备异构性资源的问题，主要就是通过软件以虚拟形式呈现，例如虚拟的应用程序、服务器、存储设备和网络。

通常在几分钟内就可以在云上创建一台虚拟服务器，每一台物理服务器的计算资源都换成了许多虚拟服务器，而且能在同一台服务器上运行多个操作系统，比如同时运行Windows和 Linux，方便了跨平台的开发者。进行虚拟化之后，资源可以整合在一起，充分发挥服务器的性能，达到云计算弹性调度的理想，即任意分配计算等级不同的虚拟服务器。

1.4.2 人工智能与边缘运算

人工智能的概念最早由美国科学家John McCarthy于1955年提出，人工智能技术的目标致力于使计算机具有类似人类学习解决复杂问题与进行思考等的能力。凡是模拟人类的听、说、读、写、看以及其他各种动作等的计算机技术都被归类为人工智能的范畴。简单地说，人工智能就是由计算机所仿真或模拟执行的、具有类似人类智慧或思考的行为，例如推理、规划、问题解决及学习等。

我们知道传统的云计算数据处理都是在远离终端设备的云计算设备上进行的，这段距离不但遥远，而且当面临越来越庞大的数据量时所需的传输时间越长，特别是人工智能运用于日常生活的各个层面时，常因网络带宽有限、通信延迟或缺乏网络覆盖等问题，所遭遇的挑战是巨大的，因此未来人工智能将从过去主流的云计算模式转向大量结合边缘计算（Edge Computing）模式，搭配人工智能与边缘计算能力的设备也将成为几乎所有产业和应用的主导要素。

边缘计算（Edge Computing）属于一种分布式计算架构，可让企业应用程序更接近本地端边缘服务器上的数据，即数据不需要总是直接上传到云端，而是让客户端尽可能地靠近数据源，以减少网络延迟、减少对网络带宽的使用，目的是减少在远程云端中执行的计算量，从而最大限度地减少远程客户端与服务器之间发生的通信量。边缘计算因为将计算点与数据生成点两者之间的距离缩短了，因而具有低延迟（Low Latency）的特性，这样一来数据就不需要再传递到远程的云端。云计算与边缘运算架构的比较示意图，如图1-23所示。

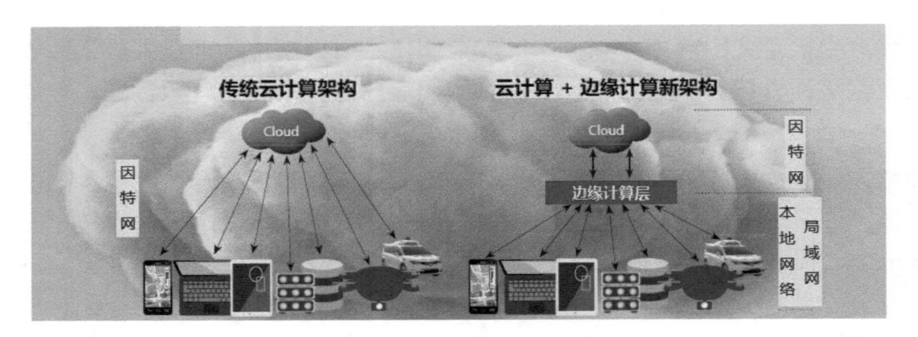

图 1-23 云计算与边缘运算架构的比较示意图

许多分秒必争的人工智能计算工作更需要边缘计算，这些庞大的计算工作不应该上传到云端，而应该实时利用本地人工智能的边缘计算瞬间做出判断，像是自动驾驶、医疗影像设备、增强现实、虚拟现实、无人机（见图1-24）、移动设备、智能零售等应用项目，这些应用最需要低延迟的特点来确保现场的实时反应，减少在远程服务器上往返传输数据所造成的延迟及带宽问题。

图 1-24 无人机需要实时视频分析，边缘运算可以加快人工智能的处理速度

1.4.3 认识物联网

当人与人之间随着网络互动而增加时，万物互联的时代就会迎面而来。物联网（Internet of Things，IOT）的概念最早是在1999年由学者Kevin Ashton提出的，指的是将物品通过网络相互连接，实际上就是将各种具有传感功能或传感器（例如RFID、蓝牙4.0环境传感器、全球定位系统GPS、激光扫描仪等）的各种物品与因特网结合起来而形成的一个巨大的网络系统。全球所有的物品都可以通过网络主动交换信息，越来越多的日常物品也会通过因特网连接到云端，通过因特网技术让各种实体对象、自动化设备彼此沟通和交换信息。物联网系统的应用概念图如图1-25所示。

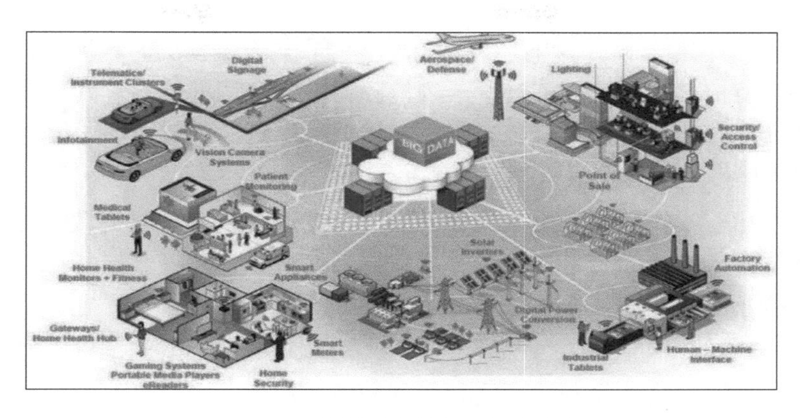

图 1-25　物联网系统的应用概念图

提　　示

射频识别技术（Radio Frequency Identification，RFID）是一种自动无线射频识别与数据通信技术，可以利用射频信号以无线方式传送和接收数据。蓝牙4.0技术主要支持“点对点”（point-to-point）和“点对多点”（point-to-multipoints）的连接方式，目前传输距离大约有10米，每秒传输速度约为1Mbps，预估未来可达12Mbps，很有机会成为物联网时代的无线通信标准。

1. 物联网的架构

物联网的运行机制按照实际用途来看在概念上可分为3层架构，从底层到上层分别为感知层、网络层与应用层，如图1-26所示。

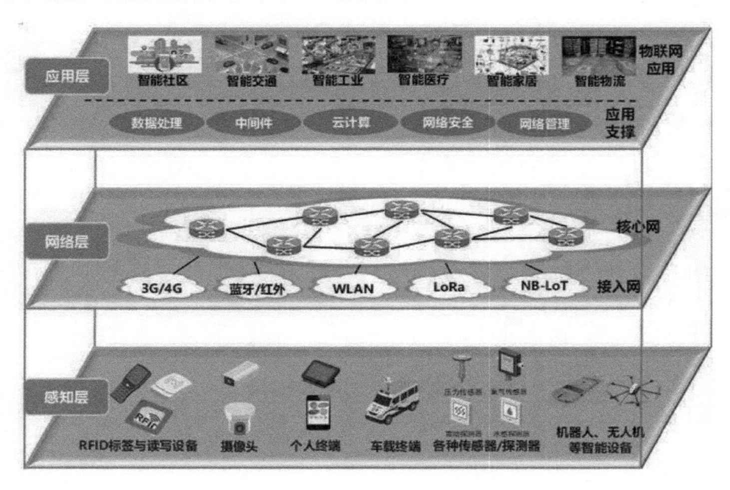

图 1-26　物联网架构示意图（插图来源：https://www.pig66.com/2019/145_0415/17840663.html）

（1）感知层：主要用于识别、传感与控制物联网末端物品的各种状态，对应用场景进行感知与监控，主要使用的技术分为传感器技术与识别技术，其过程包括使用各种有线或者无线传感器来构建传感器网络，然后经由转换组件将相关信号变为电子信号，再通过传感器网络将信息收集并传递至网络层。

（2）网络层：利用现有无线或者有线网络来有效地把收集到的数据传送至应用层，特别是网络层不断扩大的网络带宽能够承载更多信息量，并将感知层收集到的数据传送至云端、边缘，或者直接执行适当的操作，并构建无线通信网络。

（3）应用层：为了彼此分享信息，必须使各组件能够访问因特网，以及各个子系统重新整合起来以满足物联网与不同行业间的技术融合，同时也促成物联网五花八门的应用服务，涵盖的应用领域包括环境监测、无线传感器网络（Wireless Sensor Network，WSN）、能源管理、医疗保健（Health Care）、智能照明、智能电表、家庭控制与自动化以及智能电网（Smart Grid）等。

2. 智能物联网

当今人们的生活正逐渐进入一个始终连接（Always Connect）网络的时代，物联网的快速成长带动了不同产业的发展，除了数据收集与分析外，也可以通过反馈进行各种控制，这对于未来人类生活的便利性将有极大的影响，人工智能结合物联网（IoT）的智能物联网将会是电商产业未来最热门的选择，特别是电子商务不断引入新的技术带来新的商业模式的创新以及更高的回报率。未来电商可借助智能设备来了解用户的日常行为，包括辅助消费者进行产品选择或提出采购建议等，并将其转化为真正的商业价值。物联网的多功能智能化服务被视为实际驱动电商产业链的创新力量，特别是将电商产业发展与消费者生活做了更为紧密的结合，因为在物联网时代智能手机、冰箱、桌子、咖啡机、体重计、手表、空调等物品变得“有意识”且善解人意，最终的目标是要打造一个智慧城市，加速现代产业的转型。智能物联网应用的示意图如图1-27所示。

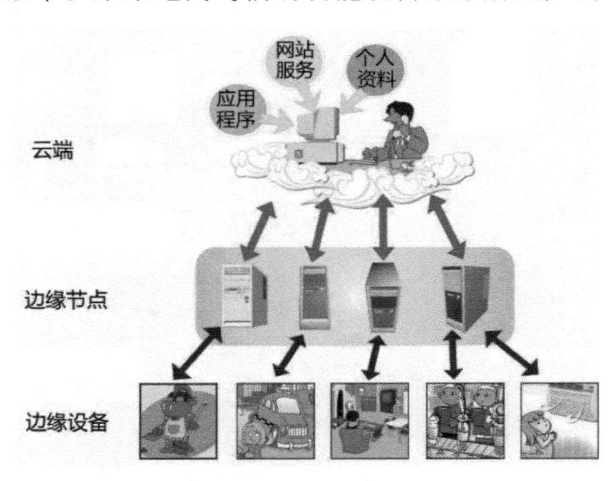

图 1-27　智能物联网应用示意图

1.4.4　大数据简介

大数据时代的到来彻底颠覆了人们的生活方式，继云计算（Cloud Computing）之后，大数据（Big Data）也成为学术界与科技界中热门的显学之一，从2010年开始全球数据量已进入ZB（Zettabyte，泽字节，2^{70}字节）时代，并且数据量每年以60%~70%的速度向上攀升，面对不断扩张的巨大数据量（以惊人速度不断被创造出来的海量数据）给各种产业的营运模式带来了新的挑战，也带来了新的契机。特别是在移动设备蓬勃发展、全球使用移动设备的人口数已经开始超越使用计算机的人口数时，一部智能手机的背后就代表着一份独一无二的个人数据！大数据应用已经不知不觉融入我们的生活中，例如通过实时收集用户的位置和速度，经过大数据分析，高德地图就能快速又准确地为用户提供实时的交通信息，如图1-28所示。

通过大数据分析就能给用户提供最佳路线的建议

图 1-28　高德地图通过大数据分析可以快速准确地为用户提供实时的交通信息

提　示

为了让读者实际了解大数据的数据量到底有多大，我们整理了大数据各个数量级的单位，以供大家参考：

1 Terabyte = 2^{10} Gigabytes = 2^{30} Kilobytes
1 Petabyte = 2^{10} Terabytes = 2^{40} Kilobytes
1 Exabyte = 2^{10} Petabytes = 2^{50} Kilobytes
1 Zettabyte = 2^{10} Exabytes = 2^{60} Kilobytes

大数据的来源种类包罗万象，格式也越来越复杂，如果一定要把数据分类的话，最简单的方法就是分成结构化数据与非结构化数据。那么到底哪些数据属于大数据呢？坦白地说，没有人能够告诉我们超过哪一项指标的数据量才叫大数据。如果数据量不大，就可以使用计算机及常用的工具软件进行处理，用不到大数据的专业技术，也就是说只有当数据量巨大且有时效性的要求时，才适合应用大数据技术来进行相关处理。

提　示

结构化数据（Structured Data）是指有一定规则可循、每笔数据都有固定的字段与格式、偏向一些日常且有重复性的数据，例如薪资会计作业、员工出勤记录、进出货仓的管理记录等。非结构化数据（Unstructured Data）是指那些不能数量化或没有固定格式、让人无从打理的数据，例如社交网络的互动数据、因特网上的文件、图片、网络搜索与索引、Cookie记录、医学记录等数据。

大数据涵盖的范围广泛，许多专家对大数据的解释又各自不同。维基百科中给出的定义是大数据是指无法使用一般常用软件在可容忍时间内进行提取、管理及分析的大量数据。早期，大数据其实是巨大数据库加上处理方法的一个总称，是一套有助于企业大量收集和分析各种数据的解决方案，并包含以下三个基本特性（见图1-29）。

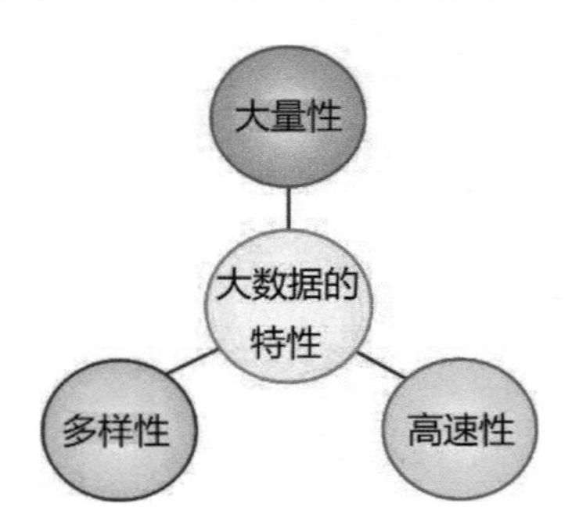

图 1-29　大数据的主要特性

- 大量性（Volume）：当今的社会每分每秒都在生成庞大的数据量，是以过去的技术无法管理的巨量数据，数据量的单位可从TB（Terabyte，太字节）到PB（Petabyte，拍字节）。
- 高速性（Velocity）：用户每秒都在产生大量的数据反馈，更新速度非常快。数据的时效性是另一个重要的课题，对这些数据的响应速度成为它们最大的挑战。大数据产业应用成功的关键在于速度，往往是获得数据时就必须在最短的时间内进行响应，许多数据要能实时得到结果才能发挥最大的价值，否则将会错失商机。

- 多样性（Variety）：大数据技术彻底解决了企业无法处理的非结构化数据，例如网页上的文字、图片、网站用户动态与网络行为、客服中心的通话记录等，数据源多元及种类繁多。通常我们在分析数据时不会单独去看一种数据，有关大数据真正困难的问题在于分析多样化的数据，彼此间能进行交互分析与寻找关联性，包括企业的销售、库存数据、网站的用户动态、客服中心的通话记录，以及社交媒体上的文字、图片等。

近年来随着大数据的大量应用与存储数据成本的下降，大数据的定义从最早的3V变成了4V（见图1-30）。第4个V代表数据的真实性（Veracity）：企业在今日快速变化又充满竞争的经营环境中获取正确的数据是相当重要的，因为要用大数据创造价值。所谓“垃圾进，垃圾出”（GIGO），这些数据本身是否可靠是一大疑问，因而必须重视数据的真实性。大数据收集的时候必须分析并过滤掉数据中有偏差、伪造、异常的部分。数据的真实性是数据分析的基础，防止这些错误数据损害到数据系统的完整性和正确性就成为一大挑战。

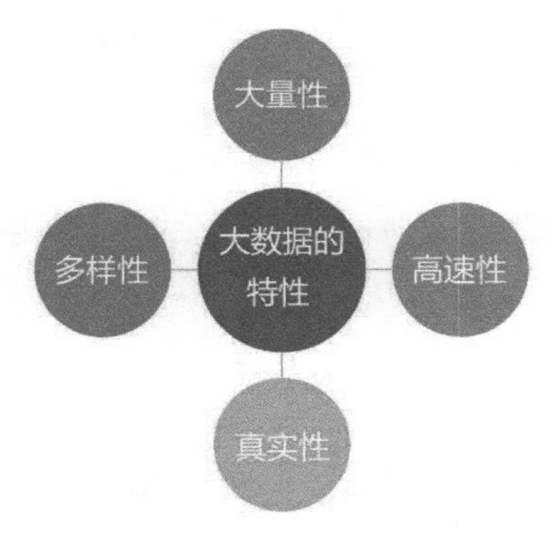

图 1-30　大数据全新的四个特性

大数据是智能零售不可忽视的利器，当大数据结合了精准营销后将成为最具革命性的数字营销，顾客不仅变成了现代真正的主人，店家主导市场的时光也一去不复返了。营销人员可以借助大数据分析将顾客的意见转化为改善产品或设计营销活动的参考，加深顾客对品牌的忠诚度，甚至挖掘顾客的潜在需求。在大数据的帮助下，消费者（顾客）的轮廓将变得更加全面和立体，包括他们的使用行为、地理位置、商品倾向、消费习惯都能记录和分析下来，而后就可以更清楚地描绘出客户群体，进而拟定和优化最源头的营销策略，更精准地找到潜在的消费者，营销人员将可以更加全面地认识消费者，从传统的乱枪打鸟式的营销方式进入精准的个性化营销，洞察出消费者最真切的需求，最大限度地满足顾客的需求。当然，所有这些都有一个大前提，就是不能侵犯客户的隐私权。一些视频网站长期对观众收看习惯的大数据进行分析，而后通过人工智能分析的推荐引擎将不同但更适合的内容推荐给不同的客户群体，这样不但可以让视频网站节省不少营销成本，还能开发出多元与“长尾效应”的视频内容，这才是人工智能时代最重要的颠覆力量。例如，哔哩哔哩（bilibili）就借助大数据技术把合适的视频推荐给观众，如图1-31所示。

图 1-31　哔哩哔哩借助大数据技术把合适的视频推荐给观众

【课后习题】

1. 什么是UDP协议？
2. 试解释主从式网络与对等式网络之间的差异。
3. 按照通信网络的架设范围与规模，网络可以分为哪三种类型？
4. 简述通信网络系统的组成。
5. 简述网络的定义。
6. 简述云计算。
7. 什么是云计算的虚拟化技术？
8. 简述边缘运算。
9. 试说明物联网。
10. 物联网的架构有哪三层？
11. 简述大数据及其特性。

第 2 章 网络模型与相关连接设备

当今的网络是连接全世界的庞然大物，设立网络模型的目的就是为了建立共同的规范或标准。如果不制定一套共同的运行标准，那么整个网络是无法运转起来的。另外，网络汇集了软件、硬件等各方面的技术，在将这些技术加以整合时，如果没有共同遵守的规范或标准，那么基于网络设计和实现的产品就无法达到彼此沟通与交换信息的目的。因此，我们必须先了解网络的通信架构才能知道网络通信的运行模式。

网络模型在沟通上扮演着极为重要的角色，网络模型或标准通常由具有公信力的组织来制定，而后由业界厂商共同遵守，其中OSI参考模型就是一个例子。本章首先为读者介绍建立网络标准的两个重要参考模型：OSI模型（Open Systems Interconnection Reference Model）与DoD模型（Department of Defense）。

2.1 OSI 参考模型

OSI参考模型是由国际标准化组织（International Standard Organization，ISO）于1988年在《政府开放系统互连草案》（Government Open Systems Interconnect Profile，GOSIP）中提出的，当时要求厂商必须共同遵守。虽然后来一直没得到厂商的支持，但是OSI制定的标准有助于了解网络设备、通信协议等的运行架构，一直都被教育界用作教学讨论的对象。OSI模型共分为七层，如图2-1所示。

图 2-1 OSI 参考模型示意图

2.1.1 物理层

物理层（Physical Layer）是OSI模型的第一层，所处理的是真正的电子信号，主要是定义网络信息实际传输时的物理规格，包含了连接方式、传输介质、信号转换等，也就是对调制解调器、集线器、连接线路与传输方式等加以定义和规范，并将要传输的数据以位的方式进行传送和接收。简而言之，就是如何指定网络上的各种规格，以0与1的方式来传送数据以及数据传送的次序。例如，我们常见的集线器（Hub）就属于典型的物理层设备。

2.1.2 数据链路层

数据链路层（Data Link Layer）是OSI模型的第二层。由于IP地址只是逻辑上的地址，而真正的网络是以实际的硬件设备来连接的，物理地址与逻辑地址中间的转换工作是由数据链路层负责的，就是将数据包的数据以帧（Frame）的方式由发送端发送出去并进行错误控制。链路层可以再细分为两个子层：一个为介质访问控制（Media Access Control，MAC）层；另一个为逻辑链路控制（Logical Link Control，LLC）层。

1. 介质访问控制层

此子层负责处理网络上设备的物理地址，如网卡的物理地址（如00-EE-11-22-33-44），它可以通过地址解析协议（Address Resolution Protocol，ARP）来取得网络设备的介质访问控制地址（Media Access Control Address，MAC地址），MAC地址是网络设备的物理地址，类似于直接刻录在网卡板卡上EEPROM中的网卡卡号（唯一的）。ARP会询问网络上所有的设备看看某个IP地址是属于哪个设备，符合这个IP地址的设备会传回它的MAC地址，之后发送数据的一端会将这个MAC地址封装在数据帧中传送出去，如图2-2、图2-3所示。

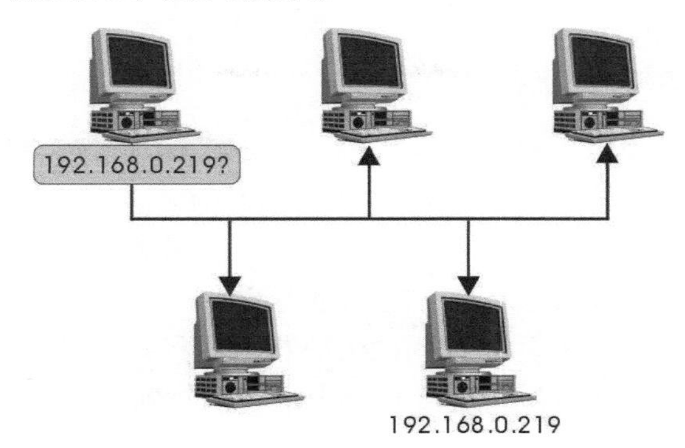

图 2-2　先询问这个 IP 地址是哪一台网络设备所设置的

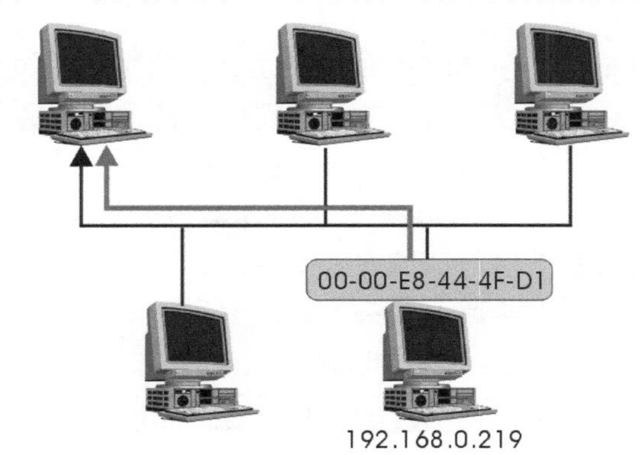

图 2-3　符合这个 IP 地址的主机会传回它的 MAC 地址

当所有的数据都已经准备完毕时就可以准备将它发送到网络上了。数据链路层将

MAC地址封装在数据帧中，连同OSI模型上一层所包含的数据一同发送出去，并负责检查网络上来来往往的数据：MAC地址相同的就提取进来（见图2-4），不相同的就表示这不是发送给它的数据，可以忽略而不加以处理。

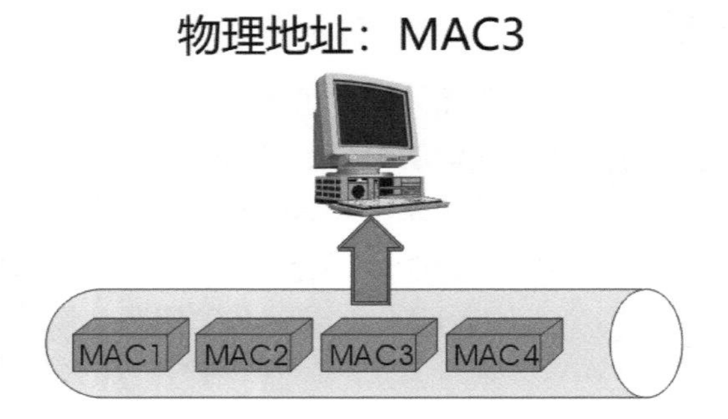

图 2-4　提取物理地址相同的数据

2. 逻辑链路控制层

这一子层负责的是流量控制与错误检测，在接收端收到数据包后链路层会进行数据错误检测，其方式为循环冗余校验（Cyclic Redundancy Check，CRC）。在发送端传送数据之前，会先经过一种算法的处理得到一组码，被称为循环冗余检验码，即CRC码。CRC码会随着数据一起传送出去，当接收端收到数据时也会经过同一种算法的处理得到一组CRC码，如果接收到数据的CRC码与再次经过算法处理后所得到的CRC码相同，就可以判断数据在传送的时候没有发生错误，收到的数据是正确的。

2.1.3　网络层

网络层（Network Layer）是OSI模型的第三层，它的主要工作是将一个网络设备的数据传输信息（路径、路由）发送给另外一个网络设备，在发送端的网络层接收到接收端网络层的回复消息后将这些传输信息封装在数据包中，以确保数据包能直接传送至目的地。简单地说，就是负责解读IP地址并决定数据要传送给哪一台主机（如果是在同一个局域网中，就会直接传送给局域网内的主机；如果不是在同一个局域网内，就会将数据包交给路由器），并由路由器来决定数据包传送的路径，再由目的网络的最后一个路由器来将数据包传送给目的主机。

网络层与传输层是不同的，虽然数据包都带有目的信息，但是网络层只负责将数据包传送给目的主机（见图2-5）。网络层是一种面向无连接的传输方式，并不负责建立网络连接，接收端是否收到数据包要交由OSI模型的上一层来处理，数据是否需要重传、由哪个程序来处理是由传输层来决定的。

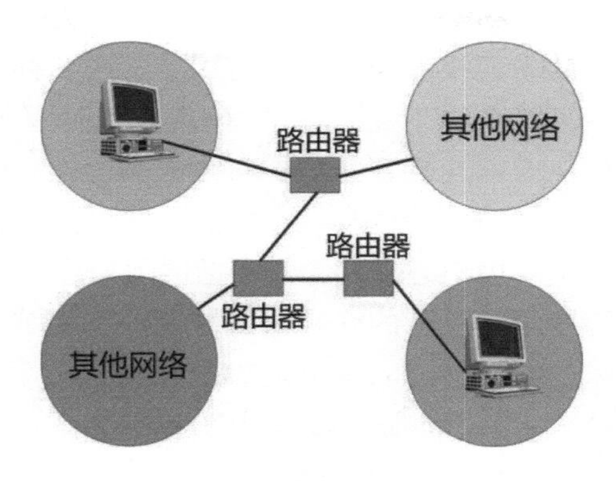

图 2-5　网络层负责将数据传送至目的主机

2.1.4　传输层

传输层（Transport Layer）是OSI模型的第四层，主要工作是为网络层与会话层提供传输服务。传输层既可以采用面向连接的传输方式，为网络层与会话层提供一个可靠且高效的传输服务，比如TCP（Transmission Control Protocol，传输控制协议），也可以采用面向无连接的通信方式（如UDP传输协议）。传输层所负责的任务就是将网络上所接收到的数据分配（传输）给对应的软件或程序，例如将网页相关数据传送给浏览器，或是将电子邮件传送给电子邮件软件，而这一层也负责封装上一层的应用程序数据，指定接收的一方该由哪一个软件接收此数据并进行相应的处理。

提　示

TCP是一种面向连接的传输协议，在传输数据到达目的地时都会确认数据是否正确地到达目的地，即执行回复的操作，因而面向连接的传输协议可靠性也较高。UDP是一种面向无连接的传输协议，在完全不理会数据包是否可传送至目的地的情况下进行数据包的传送。这种传输协议可靠性较低，不过它适用于广播式通信的应用场合。

传输层通过端口（Port）可以识别数据包属于哪个应用程序。一个应用程序开始执行之后，操作系统会分配给它一个端口号，每个应用程序的端口号是不会重复的。数据包在传送给接收方时，会指明接收方的应用程序端口号，接收方接收到数据时，传输层由这个端口号可以得知该由哪个应用程序来接收和处理这个数据。

2.1.5　会话层

会话层（Session Layer）是OSI模型的第五层，作用是建立起双方应用程序互相沟通的连接方式，例如何时要求连接、何时终止连接、发送何种信号时表示接下来要传送文件，也就是建立和管理接收端与发送端之间的连接会话的形式。这一层可利用全双工、半双工或单工来建立双向连接，并维护与终止两台计算机或多个系统间的会话，通过线程的运行决定计算机何时可传送和接收数据。一旦连接成功，会话层就可管理会话。要建立会话层的连接，用户必须要告知会话层远程连接的地址（不是MAC地址，也不是网络地址，而是专为用户设置的容易记的地址），如域名系统（Domain Name System，DNS）、计算机名称等。例如，在玩在线游戏时，就不能发生客户端单击箭头键表示要移动游戏中的人物1格，而服务端却认为是要移动人物10格，这就是会话层中应该实现的规范。

2.1.6 表示层

表示层（Presentation Layer）是OSI模型的第六层，主要工作是协调网络数据交换的格式、字符编码的转换及数据的压缩与加密，比如万维网中的文字、图片、声音、影像等数据；以及制定联网双方共同的数据展示方式（见图2-6），比如文字编码、图片格式、视频文件的开启等。

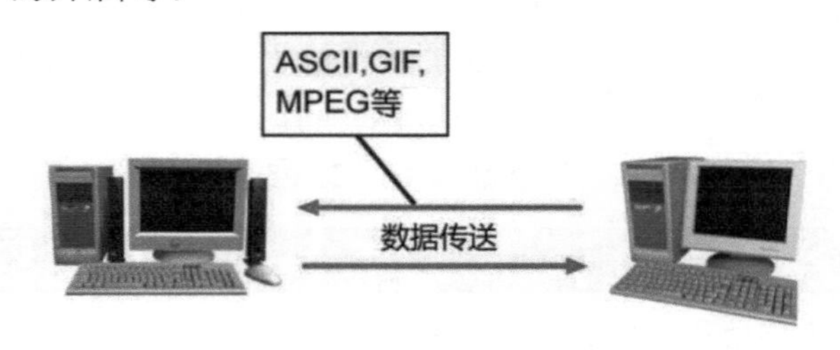

图 2-6 表示层负责数据的展示方式

在计算机内部是不一样的字符编码方式，从计算机的角度来看计算机只看得懂0与1，必须经过转换才能成为我们看得懂的编码。在不同计算机系统内部会有不一样的编码方式（如EBCDIC编码、ASCII编码），即内码。虽然计算机数据的传输是以二进制方式来传输的，但是如果没有制定一种转码方式，那么接收端接收的数据就可能会与发送端的数据有所不同了。例如，发送端传送一个字符A，在接收端可能看到一个字符B，那不是很奇怪吗？表示层在这里会先判断接收端的内码编码方式，将数据按照接收端的内码编码方式转换好再送往下一层。

除了字符编码的转换之外，表示层还能够在传送端将数据予以压缩（Compression）与加密（Encryption），以提高数据的安全性和传输效率。在接收端，可以将接收的数据予以解压缩（Decompression）与解密（Decryption），将数据恢复成原来的模样。

2.1.7　应用层

应用层（Application Layer）是OSI模型的第七层，即最上层，主要提供应用程序与网络之间沟通的接口，可以让应用程序与网络传输数据或收发电子邮件。注意，切勿把应用层看成是应用程序——应用层并不是用户所使用的应用程序，只是在实现应用程序彼此之间的通信而已。

在这一层中运行的就是我们平常接触的网络通信软件，直接提供了用户程序与网络沟通的“操作接口”，例如浏览器、文件传输软件（FTP）、电子邮件软件（E-Mail）等。它的目的在于建立用户与下一层通信协议的沟通桥梁，并与联网的另一方所对应的软件进行数据传输。通常这一层的软件都会采取主从模式。

≫ 2.2　DoD 参考模型（TCP/IP）

OSI模型是在1988年提出来的，但网络的发展早在20世纪60年代就开始了，既有的网络不可能按照OSI模型来运行。在OSI模型提出来之前，DoD模型在1982年就被提出来了，当时的架构就是我们目前所说的TCP/IP模型，同年美国国防部（Department of Defense）将TCP/IP纳为它的网络标准，所以DoD模型又被称为TCP/IP模型。DoD模型（见图2-7）分工较为简略，强调以TCP/IP 为主的因特网；OSI模型是由ISO所制定的国际标准，必须容纳多种不同的网络，因此不局限于TCP/IP协议。

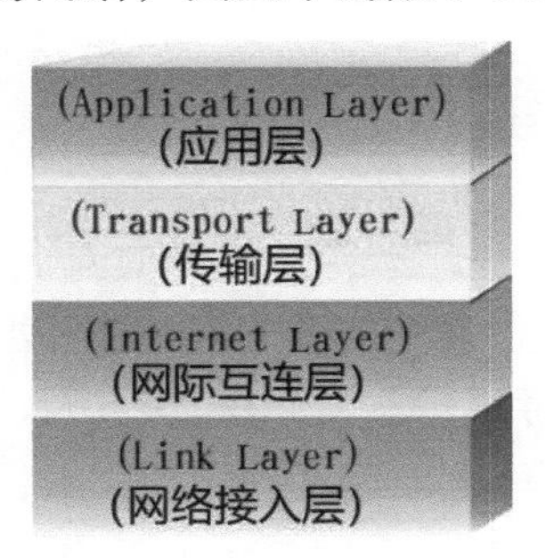

图 2-7　DoD 模型示意图

2.2.1　应用层

应用层（Application Layer）是程序处理数据的范围与如何提供服务，这一层的工作相当于OSI模型中的应用层、表示层与会话层三者负责的范围，只不过在DoD模型中不如OSI模型区分得那么详细。例如，HTTP对应浏览器、SMTP/POP3对应邮件管理程序。

2.2.2 传输层

传输层（Transport Layer）又称为主机对主机层（Host to Host Layer），主要功能是为两台不同计算机之间提供稳定且可靠的通信。将上层应用层的应用程序与下层网际互连层的复杂性相互隔离，应用层只需发出请求而不用了解具体任务，相当于OSI模型的传输层，这一层负责数据的确认、流量控制、错误检查等，TCP与UDP是本层最具代表性的传输协议。

2.2.3 网际互连层

网际互连层（Internet Layer，又称为因特网层或网络层）所负责的工作相当于OSI模型的网络层与数据链路层，用于确定数据包如何传送到目的地。例如，IP地址、IP路径选择、MAC地址的取得等都是在这一层中加以规范的。最终通过路由器（Router）的IP协议与路由选择（Routing）把数据包送往目的地。

2.2.4 网络接入层

网络接入层（Link Layer，也被称为链路层或网络接口层）所负责的工作相当于OSI模型的物理层和数据链路层，用于对硬件的沟通，将封装好的逻辑数据以物理信号传送出去，负责数据链路层设备的沟通，例如以太网、PPP及ISDN等设备。

≫ 2.3 网络模型的运行方式

不论是OSI模型还是DoD模型，运行方式其实是大同小异的，都是以分层分级的方式来工作，数据必须从最上层往最下层传送并逐层处理，绝不允许越层处理，每一层都需要进行数据的打包，并在报头（Header）加上每层的信息，也就是封装（Encapsulation）。封装完毕后再把数据传送到接收端，当接收端收到数据包时再由最下层传至最上层，一层一层地解开，最后得到真正的数据。

注意，之前在说明OSI模型时曾提及IP地址、ARP协议等，其实这些协议是DoD模型中所规范的，也就是TCP/IP协议组合中运行的机制，只不过两者之间可以相互对应。图2-8列出了OSI模型、DoD模型与TCP/IP协议族之间的对应关系。

图2-9是TCP/IP模型处理数据的顺序示意图。

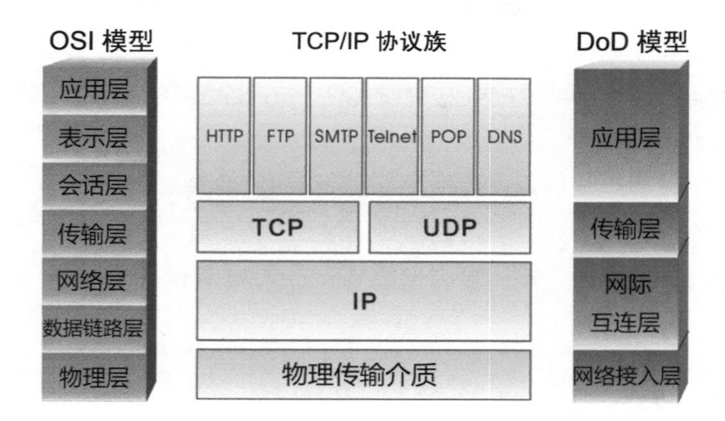

图 2-8　OSI 模型、DoD 模型与 TCP/IP 协议族之间的关系

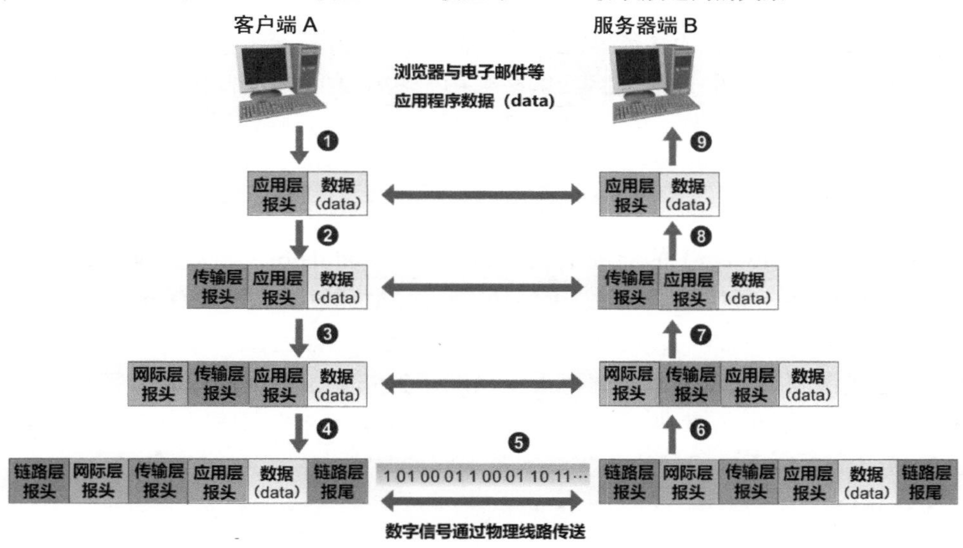

图 2-9　TCP/IP 模型处理数据的顺序示意图

下面介绍图2-9中TCP/IP模型分层架构下数据传送的过程：

❶ 取得客户端A中应用程序的指令数据（Data）并封装成数据包。

❷ 将数据包加上应用层报头，再往下一层的传输层传送。

❸ 将数据包加上传输层的报头，再往下一层的网络层传送。

❹ 将数据包加上网络层（网际互连层）的报头，再往下一层的链路层（网络接入层）传送。

❺ 将数据包加上链路层报头及报尾，通过物理线路传送到目的地的服务器端B。

❻ 将从物理线路收到的数据包进行拆解，先去除链路层的报头及报尾，再上传到服务器端B的网络层。

❼ 去除网络层的报头后，上传到服务器端B的传输层。

❽ 去除传输层的报头后，上传到服务器端B的应用层。

❾ 去除应用层的报头后，服务器端B的应用程序正确接收客户端A所传送的数据。

≫ 2.4 网络设备

在实际架设网络时，为了能够把各个计算机连接起来，必须用电缆及网络设备机来进行连接。一个完整的通信网络架构必须由一些相关网络设备来辅助网络上各个计算机之间的传输与连接工作。本节中我们将分别介绍这些网络设备的功能与用途。

2.4.1 调制解调器

调制解调器（Modem）的原理是利用调制器（Modulator）将数字信号调制为模拟信号，再通过线路进行传送，接收方收到模拟信号后通过解调器（Demodulator）将模拟信号还原成数字信号即可。按照带宽来分，调制解调器可以分为窄带与宽带两种：传统的拨号式调制解调器的传输速率最多只能达到56Kbps，因此称为窄带；传输速率在56Kbps以上的则称为宽带，比如宽带上网ADSL调制解调器与电缆调制解调器（Cable Modem）。现在已经进入光纤宽带上网的时代。

2.4.2 中继器

信号在网络线路（导体线路）上传输时会随着网络线路本身的阻抗及传输距离而逐渐衰减。中继器是用来将数据信号再生的一种网络传输设备，属于OSI模型物理层运行的设备，如图2-10所示。例如，同轴电缆最大的传输距离是185米，信号传送如果超过这个距离就会由于信号的衰减而变得无法识别。如果网络的传输距离超过这个长度，就必须加上中继器，将信号重新整理后再传送出去。不过使用中继器也有些问题，错误的数据包会同时被再生，进而影响网络传输的质量。此外，中继器不能串接太多（通常不超过三台），因为信号再生时会与原始信号产生差异，经过多次再生后，再生信号与原始信号的差异就会累积到更大。

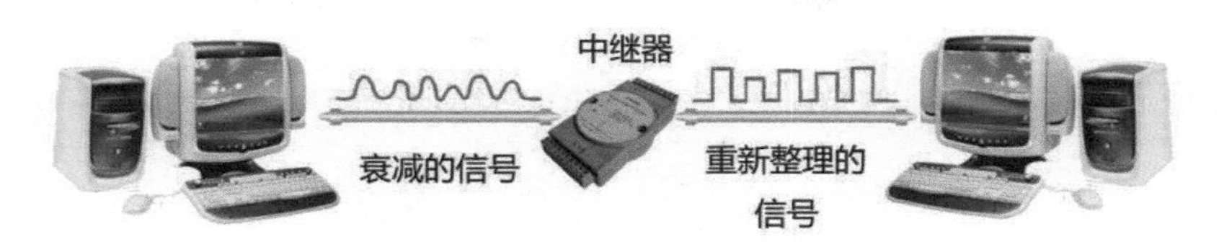

图 2-10　中继器可以将信号重新整理再传送

2.4.3　集线器

集线器（Hub）通常用于星形网络，并具备多个网口，用来连接网络上的设备、增加网络的节点、扩大网络的规模（见图2-11）。集线器上连接的所有节点只能共享网络带宽。虽然集线器上可同时连接多个设备，但是在同一时刻仅能有一对设备在传输数据，其他设备的通信只能暂时等待。这是因为集线器采用“共享带宽”的原则，各个连接的设备在需要通信时会先以广播（Broadcast）方式把消息传送给所有设备，抢占到带宽才能进行数据的传输。

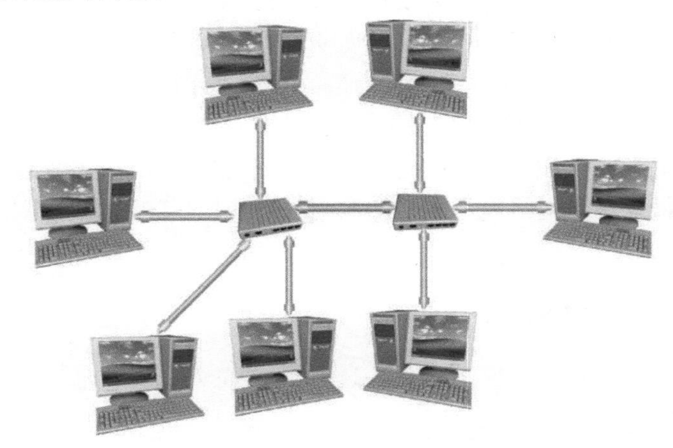

图 2-11　集线器可以扩大局域网的规模

交换式集线器（或称为交换机，Switch，见图2-12）具备过滤数据包的功能，可以看作是一个多口的网桥。由于纯集线器并不具备过滤数据包的功能，因此使用集线器连接的计算机或网络设备会共享所有的带宽。交换机具有网桥过滤数据包的功能，若是不属于同一个网段上的数据包，则会被过滤掉。因此，若有一台计算机或网络设备（服务器或整个局域网）连接至交换机，则它会独占该条线路上所有的带宽。为了提高服务器的存取效率，通常会将服务器直连到交换机上，将其他的计算机或网络设备用集线器连接后再连接至交换机。由于集线器的整体效率较差，因此目前这一层的网络连接设备基本是交换机的天下了。

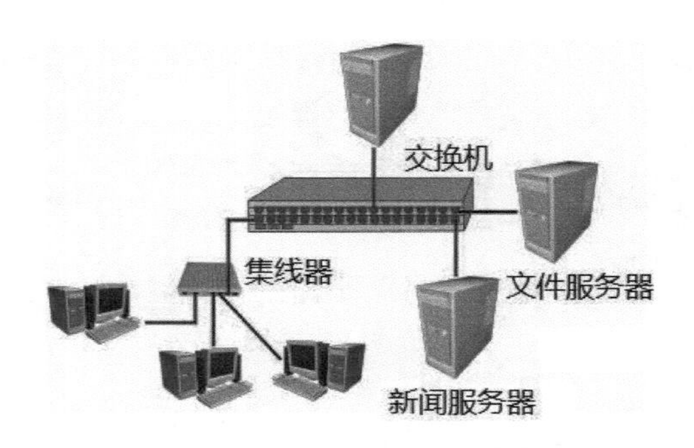

图 2-12 交换机使用的示意图

2.4.4 网桥

当以太网上的计算机或设备数量增加时，传输信号与广播信号的碰撞增加，在网络上的每一台计算机都会收到这些信号，因此会造成网络整体性能降低。网桥（Bridge）可以连接两个类型相同但通信协议不同的子网，并通过地址表（MAC地址）来判断与过滤是否要把数据包传送到另一个子网，如此就可以减少网络负载、改善网络性能，如图2-13所示。网桥的这些工作是在OSI模型的数据链路层来完成的。网桥可以分割同一个局域网，也可以连接使用不同传输介质的两个网络，比如连接使用同轴电缆的总线网络与使用非屏蔽双绞线（UTP）的星形网络。不过，这两个网络必须使用相同的网络访问方式，例如令牌环网络就不能使用网桥来与使用UTP线路的以太网相连接。

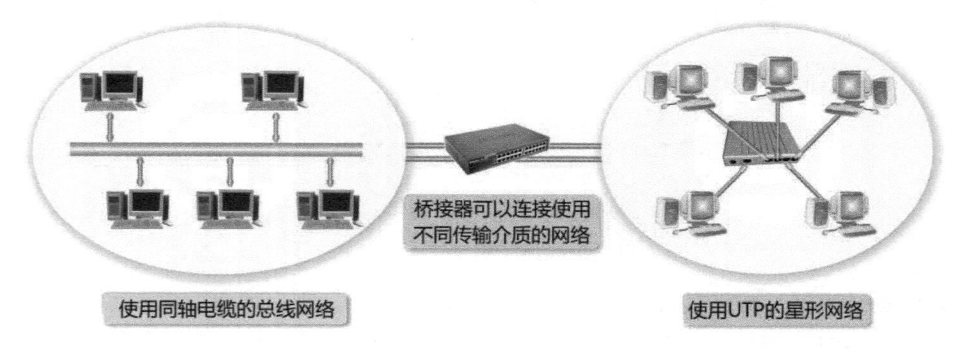

图 2-13 通过网桥可减少网络负载与改善网络性能

2.4.5 网关

网关（Gateway，见图2-14）可连接使用不同通信协议的网络，让网络节点彼此能互相传送与接收数据。网关可以运行于OSI模型的七层以处理不同格式的数据包，因此可以进行通信协议的转换、错误检测、网络路径的控制与地址转换等。只要网关内有支持的架构就可以随时对系统执行连接与转换的操作，将较小规模的局域网连接成较大型的局域网。

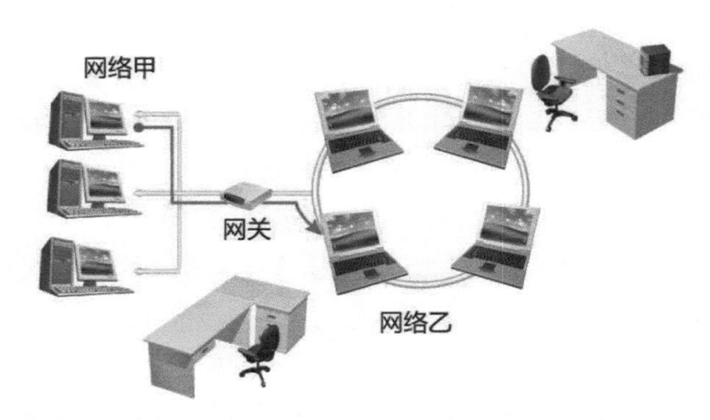

图 2-14　网关可转换不同网络拓扑的通信协议与数据格式

2.4.6　路由器

路由器（Router）属于OSI模型网络层运行的设备，可以过滤网络上的数据包，并将数据包按照大小、缓急与路由表（Routing Table）来选择最佳传送路径，其中会综合考虑带宽、节点、线路质量、距离等因素，以便将数据包传送给指定的设备。路由器是中大型网络中十分常见的设备，并兼具中继器、网桥与集线器的功能。路由器相当于网络上的一个网站，必须拥有IP地址，而且是同时在两个或两个以上的网络上拥有这个地址。路由器可以连接使用不同传输媒介、不同网络访问方式、具有不同拓扑结构的网络，如图2-15所示。

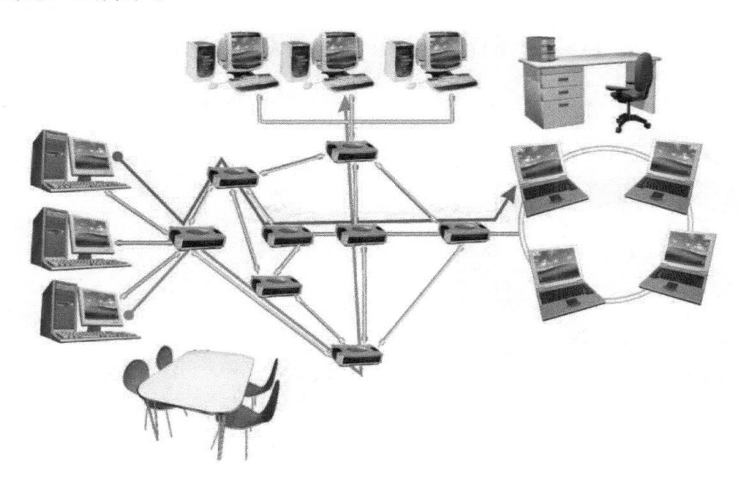

图 2-15　路由器可在不同网络拓扑中选择最佳数据包的传输路径

≫2.5 有线通信传输介质

一个完整的通信网络架构必须有一些传输介质来配合实现计算机与网络设备之间的连接与数据传输工作。对这些设备进行了解与认识是进入网络通信领域的必修课程。

2.5.1 双绞线

双绞线（Twisted Pair，TP）是一种将两根具有绝缘保护层的导线按一定的角度相互缠绕在一块的网络传输介质，通常又可分为非屏蔽双绞线（Unshielded Twisted Pair，UTP）与屏蔽双绞线（Shielded Twisted Pair，STP）两种，剖面图如图2-16所示。例如，家用电话线是一种非屏蔽双绞线，优点是价格便宜，缺点是容易被其他电磁波所干扰；应用于IBM令牌环（Token Ring）网络上的电缆线是一种屏蔽双绞线。屏蔽双绞线在线路外围加上了金属隔离层，不易受电磁干扰，因此成本较高，架设也不太容易。

图 2-16　双绞线剖面图

2.5.2 同轴电缆

同轴电缆（Coaxial Cable，见图2-17）构造的内芯为铜质导线，外面先裹一层PE绝缘体（聚乙烯绝缘体），再包一层网状金属层。网状金属层除了有传导的作用之外，还具有隔绝电子噪声的作用，整个电缆的最外围会加上塑胶套外层作为保护层。同轴电缆在价格上比双绞线略高，早期普及率也仅次于双绞线。

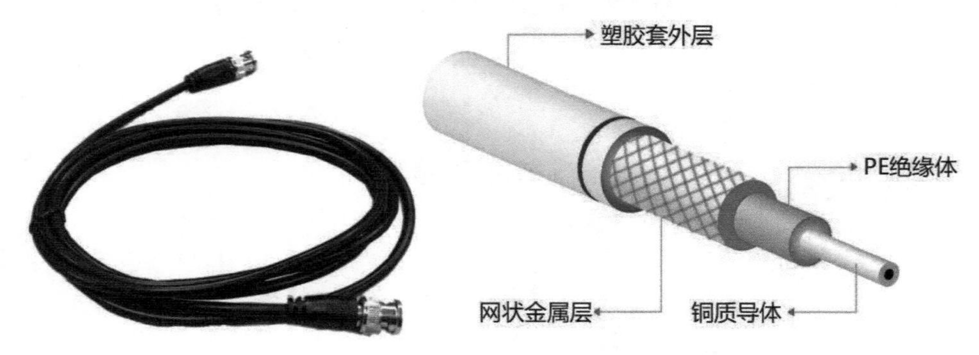

图 2-17　同轴电缆的外观与剖面图

2.5.3　光纤

光纤（Optical Fiber，见图2-18）所用的材质是玻璃纤维，主要是由纤芯（Core）、涂覆层（Cladding）及护套（Jacket）所组成的，利用光的反射特性来传送信号。其原理是光线从波密物质射向波疏物质，当入射角达到临界角度时不会发生折射而是发生全反射。光纤的纤芯是玻璃纤维，比周围的物质密度大，当光线以大于临界角的角度入射光纤时，光线会在光纤内持续发生全反射而不断向前传播，而不会折射到光纤外界。由于光纤所传送的是光信号，因此速度快（光速），且不受电磁波的干扰。光纤通常使用在异步传输模式网络（Asynchronous Transfer Mode，ATM）。在100BaseFX高速以太网上使用了两股光纤，其中一股用于发送数据，另一股用于接收数据。

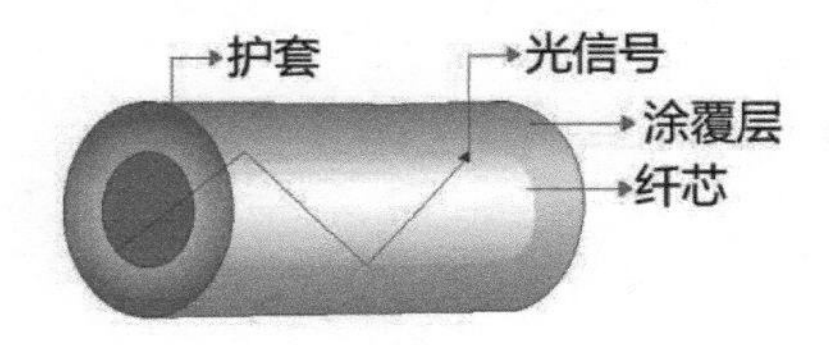

图 2-18　光纤剖面图

【课后习题】

1. OSI参考模型有哪七层？
2. DoD模型有哪四层？
3. 试说明MAC地址。
4. 传输层用来识别数据属于哪个应用程序的方法是什么？试说明之。
5. 简述集线器及其相关功能。
6. 说明网络层的工作内容。
7. 简述光纤的特性与传递原理。
8. 简述路由器的功能。

第 3 章 IP 地址与相关应用

因特网（Internet）是一个许多网络相互连接所形成的全球性的网络系统，计算机和网络设备除了在自身所处的局域网之内进行数据存取之外，也经常有跨越自身所处的局域网进行数据传送的需求。网络层与数据链路层最大的不同之处是，数据链路层只能为处于同一条网络线路上的两个节点实现数据的传输，而网络层却能为处于不同网络线路上的两个节点实现数据的传输。

网络层是OSI模型的第三层，负责为消息寻址并将逻辑地址与域名转换成物理地址，主要工作包括IP地址与路径选择、网络管理、数据分割和重组等。网际互连协议（Internet Protocol，IP），主要存在于网络层，是TCP/IP协议族中的核心协议，负责主机间网络数据包的寻址与路由，能将数据包（Packet）从来源处送到目的地。

≫ 3.1　IP 地址

在TCP/IP协议体系中，每台连接到因特网的计算机和网络设备都要有一个独一无二的IP逻辑地址，并且两台设备不能同时拥有同一个IP地址。在因特网上存取数据时，必须靠着这个地址来识别数据及其传送方向，这个网络地址就是因特网的通信协议地址，即IP地址。

IP地址并不像MAC地址那样是直接刻录在网卡的EEPROM中的，它是一种逻辑地址，除了对应物理地址之外，并不是一个可随计算机或网络设备移动的地址。当计算机和网络设备从某个网络移至另一个网络时，需要重新指定IP地址。我们常说的地址就是将网络上所有的主机设备编上一个IP地址，以识别各个主机设备在网络上的位置，而这种地址是独一无二的。换句说话，每一个地址都只能配给一个主机设备。

3.1.1　IP 地址的结构

连接到网络的任何一台计算机都必须有一个IP地址。IP地址是由32位组成的二进制代码，每8位为一个单位，为了方便表示，会以十进制来表示，所以每个单位可以用0～255的十进制数值来表示，每个单位之间以句点加以分隔。一个标准的IP地址，如图3-1所示。

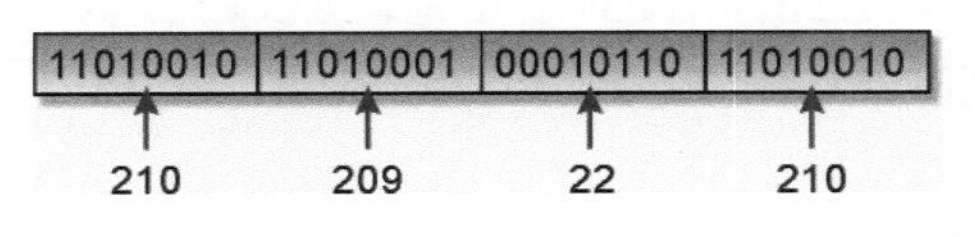

图 3-1　IP 地址示例

注意，IP地址具有不可移动性，也就是说我们无法将IP地址移到其他网域的网络中继续使用。IP地址的通用模式如图3-2所示，合法的IP地址，如图3-3所示。

0~255.0~255.0~255.0~255

图 3-2　IP 地址的通用模式

140.112.2.33
198.177.240.10

图 3-3　合法的 IP 地址

IP地址中的4字节可以分为两个部分，即网络标识码（Network ID，或简写成Net ID）与主机标识码（Host ID），如图3-4、图3-5所示，具体说明如表3-1所示。

网络标识码 (Net ID) | 主机标识码 (Host ID)

图 3-4　IP 地址是由网络标识码与主机标识码所组成

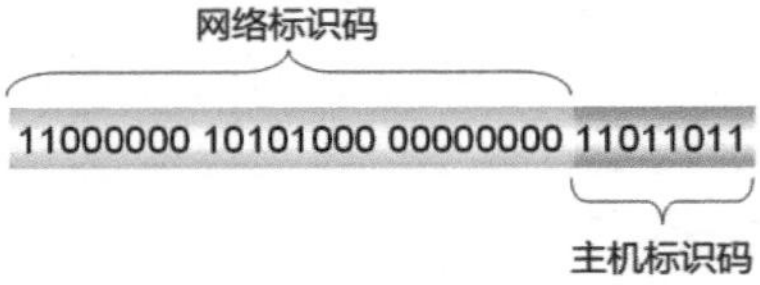

网络标识码
11000000 10101000 00000000 11011011
主机标识码

图 3-5　IP 地址可以分为网络标识码与主机标识码

表 3-1　IP 地址的组成及说明

IP 地址的组成	说　明
网络标识码	主要目的是要让 IP 路由器知道它要转发数据包所属的网络地址。在多重网络（Multinetting）中，由许多网络相互连接后形成一个大型的网络，每一个网络都有自己独特的网络地址。例如，要从 A 段网络的主机把一组 IP 数据包发送到 B 段网络的主机，中间必须要通过 A 段和 B 段的 IP 路由器，而中间的 A 段 IP 路由器就必须根据 IP 地址内的网络标识码（Network ID）来判断 IP 数据包应该要送往 B 段网络。在同一个局域网中的计算机所分配到的 IP 地址会有相同的网络标识码，以代表其所属的网络。例如，202.145.52.115 属于 202.145.52.0 网络，而 140.112.18.32 属于 140.112.0.0 网络，前一个 IP 地址表明它属于一个 C 类网络，而后一个 IP 地址表明它属于一个 B 类网络。在 IP 地址的分配中，主机标识码部分如果全都为 0，就用来表示网络本身，例如 140.112.0.0
主机标识码	主机标识码用来标识该地址属于网络中的第几个地址，也就是标识网络上的各个设备。在 A 段 IP 路由器知道要把 IP 数据包送往 B 段网络，中间又会经过 B 段 IP 路由器，而 B 段路由器必须根据 IP 地址内的主机标识码（Host ID）将 IP 数据包送往 B 段网络的主机。例如，202.145.52.115 即为 202.145.52.0 这段网络中的第 115 个地址，而在这段网络中原则上会有 2^8=256 个地址可以使用。IP 地址中位（bit）全部为 1 的地址用于广播地址，而位全部为 0 的地址用来标识这段网络自己，所以这段网络实际上会有 254 个 IP 地址可以使用，同理，140.112.0.0 这段网络中会有 $2^{16}-2$=65534 个地址可以使用

3.1.2　IP 地址的类型

IP地址的网络标识码与主机标识码的长度并不固定，而是按不同类（Class）适合不同容量的网络，如图3-6所示。

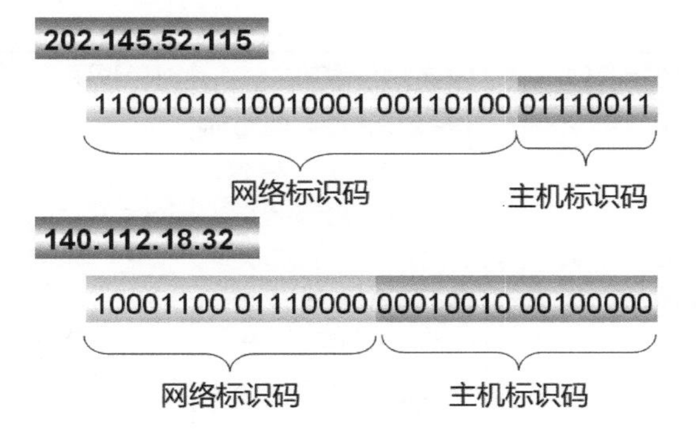

图 3-6　不同类的 IP 地址具有不同的网络标识码与主机标识码

为了管理上的方便，IP地址当初在设计时分为五大类（Class），分别以A、B、C、D、E来加以标示，目前最常接触的是A类（Class A）、B类（Class B）与C类（Class C）IP地址，D类（Class D）IP地址用作组播（Multicast）地址，E类（Class E）IP地址用于实验，如表3-2所示。

表 3-2　五大类 IP 地址的说明

类　　别	前　导　位	判断规则	IP 范例与说明	图示说明
A	0	第一个数字为 0～127	12.18.22.11：网络标识码部分占了 8 位（bit），主机标识码部分占了 24 位。每一个 A 类网络系统下辖 $2^{24}=16777216$ 个 IP 地址，通常是国家或地区级网络系统才可申请到 A 类 IP 地址	前导位 0 前8位，网络标识码　后24位，主机标识码
B	10	第一个数字为 128～191	129.153.22.22：网络标识码部分占了 16 位，主机标识码部分占了 16 位。每一个 B 类网络系统下辖 $2^{16}=65536$ 个主机地址，这类网络系统的使用对象多半是 ISP 或大型的跨国企业	前导位 1 0 前16位，网络标识码　后16位，主机标识码

（续表）

类别	前导位	判断规则	IP 范例与说明	图示说明
C	110	第一个数字为192～223	194.233.2.12：网络标识码部分占了 24 位，主机标识码部分占了 8 位。每一个 C 类网络系统仅能拥有 2^8=256 个 IP 地址，适合一般的公司或企业申请使用	前导位 110 前24位，网络标识码　后8位，主机标识码
D	1110	第一个数字为224～239	239.22.23.53：此类 IP 地址属于组（Multicast）地址，就是对网络中某一个特定群组中的计算机发送消息，只能用作目的地址等特殊用途，而不能作为源地址	前导位 1110 组播地址
E	1111	第一个数字为240～255	245.23.234.13：全数保留给未来使用，所以现实中并没有使用此地址范围的网络系统	前导位 1111 保留地址

这五大类IP地址所分配的地址范围如表3-3所示。

表 3-3　五大类 IP 地址所分配的地址范围

类别	网络标识码所占的位数	前导位	最小的网络标识码	最大的网络标识码	地址范围
A	8	0	0	127	0.x.y.z ~ 127.x.y.z
B	16	10	128	191	128.x.y.z ~ 191.x.y.z
C	24	110	192	223	192.x.y.z ~ 223.x.y.z
D	X	1110	224	239	224.x.y.z ~ 239.x.y.z
E	X	1111	240	253	240.x.y.z ~ 255.x.y.z

3.1.3　特殊用途的 IP 地址

除了D类与E类IP地址之外，A、B、C各类IP地址中都有一些地址是保留用于特定用途的，这些特殊的IP地址各自代表着不同的含义，所以我们在设置IP地址时要避开这些特殊的IP地址，说明如下。

1. 回送地址

127.0.0.1地址是回送(Loopback)地址，因为127.0.0.0这个A类网络完全不能使用，专门用于本机回送测试。其中，127.0.0.1最常被用来测试本机软件的，例如在架设网页服务器时，可以在网址栏上输入这个地址，以测试服务器软件运行是否正常，如图3-7所示。

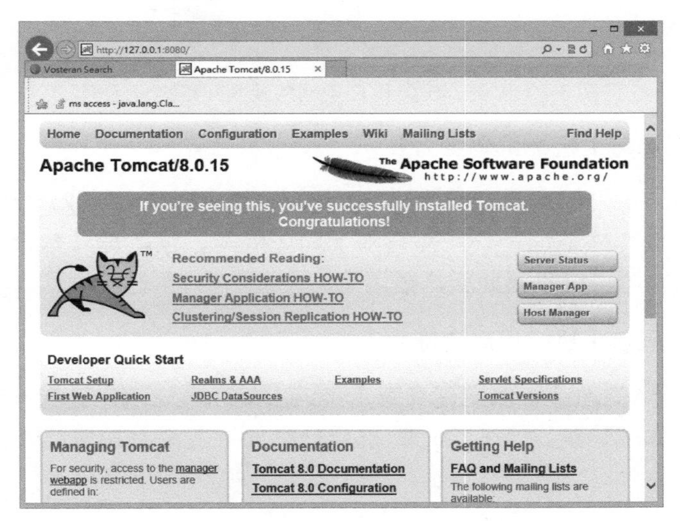

图 3-7　回送地址

2. 主机标识码全部为0

网络标识码不为0，但主机标识码全部为0。例如，122.0.0.0代表网络本身，也就是说可以将网络视作一个实体；204.145.52.0表示204.145.52这个C类网络，主机地址范围为204.145.52.1~204.145.52.254；图3-8中的A类、B类、C类3个网络对应的网络地址分别是125.0.0.0、181.12.0.0与204.145.52.0。

3. 主机标识码全部为1

主机标识码全部位都设为1且网络标识码不全部为1，这类地址是作为广播使用的地址，可以把消息广播至该网络中的所有主机。例如，201.73.202.255是用作“直接广播”的地址，使用这个地址的数据包可以跨越路由器，将信息广播至具有相同网络标识码（201.73.202.0）的C类网络中。

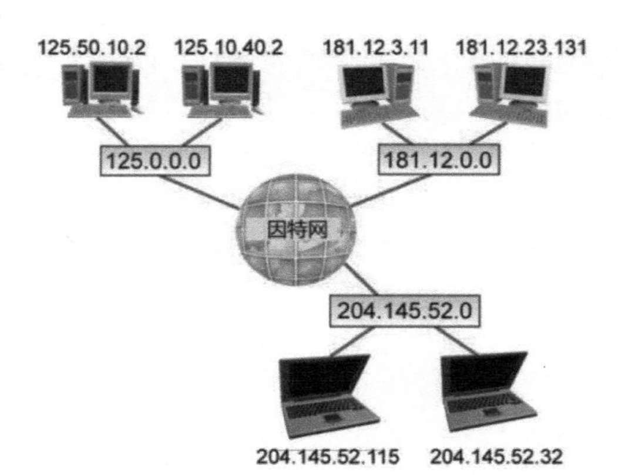

图 3-8　A 类、B 类和 C 类网络及其网络地址示例

4. 网络标识码与主机标识码全为1

网络标识码与主机标识码全部为1的IP地址，也就是255.255.255.255，是“有限广播地址”或“局域广播地址”，广播只限于局域网内，也就是只有IP地址中具有相同网络标识码的主机才可以收到此类广播消息。

5. 网络标识码与主机标识码全部为0

0.0.0.0是一个A类地址，保留用来表示当前主机尚不知道自己在网络上的IP地址。这个地址只能当作源地址，当一台计算机启动时如果还没有IP地址就会先指定此地址作为源地址。

6. 网络标识码全部为0而主机标识码不全部为0

网络标识码全部为0而主机标识码不全部为0，例如0.0.0.255，这个地址用作目的地址，表示要传送数据包给指定的主机。

7. 10或192开头的地址

10或192开头的地址并不会分配出去，是保留给企业或组织内部所使用的IP地址，被称为私有IP地址，这些地址也不可以使用在因特网上。

≫ 3.2　子网

在大家了解IP地址的分类后，可能会发现一个很奇怪的问题，那就是如果对IP地址的需求量介于两种网络类别之间但又不想浪费多余的IP地址时，该怎么办呢？以127.0.0.0这个测试用的A类网络来说，它就足足浪费了1600多万个地址，但是很少有企业或组织会使用到这么多的地址，那些没有使用到的地址就白白浪费了。诸如此类的问题可以利用子网（Subnet）技术来分割有较大IP地址容量的网络分类（Class），得到与实际所需的IP地址量相差不大的网络IP地址分类。

3.2.1　子网分割

如果分配到的IP地址网络分类与实际所需的IP地址量差别太多，那么势必要浪费掉许多IP地址资源。它们被分配到同一个小容量网络分类还好，倘若遇到大容量的网络分类，就会造成网络性能的下降，这样绝对不符合实际网络的需求。假如一个企业需要1000个IP地址，但是C类网络地址只能提供256个IP地址，此时就必须申请B类网络地址，但B类网络的实际可用地址为65536 – 2 = 65534个（在实际应用中主机地址不能全为0或全为1），多出来的IP地址会因为没有使用而造成不必要的浪费。

例如，荣钦科技是一家中小企业，这家中小企业所分配到的IP地址是B类，而B类实际可分配到65534个IP地址，可是荣钦科技实际的IP地址需求量是1500个，如果不加以分割，那么势必会浪费掉许多没有用到的IP地址。C类IP地址的基本容量为256 – 2 = 254（在实际应用中主机地址不能全为0或全为1），对于荣钦科技来说是不够的。这时可以用子网技术来解决，尽量避免浪费没有用到的IP地址资源。

下面来看一个实例，以荣钦科技来说，对IP地址的需求量为8000个，且分配到了B类的IP地址，我们准备将分配到的B类IP地址进行子网的分割。之前谈到了IP地址可分为网络标识码与主机标识码两部分，而B类IP地址的这两种标识码分别占2字节（各为16位），如图3-9所示。

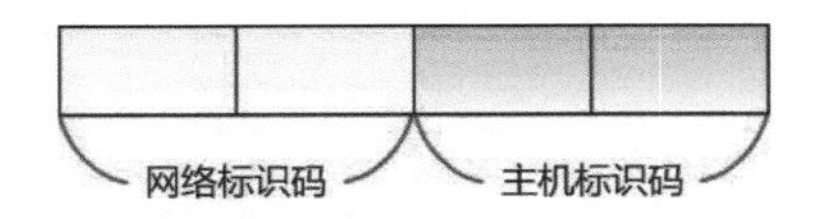

图 3-9　B 类 IP 地址的网络标识码和主机标识码各占 2 字节

以一个B类地址149.83.0.0来说，它可以有65534个可用的IP地址，但是149.83这个网络标识码是由上一级机构所分配的，不能改变，这时只能考虑将主机标识码加以分割。如果想要将这个B类网络分割为8个子网，就必须向主机标识码“借”3位来作为子网的标识码，如图3-10所示。

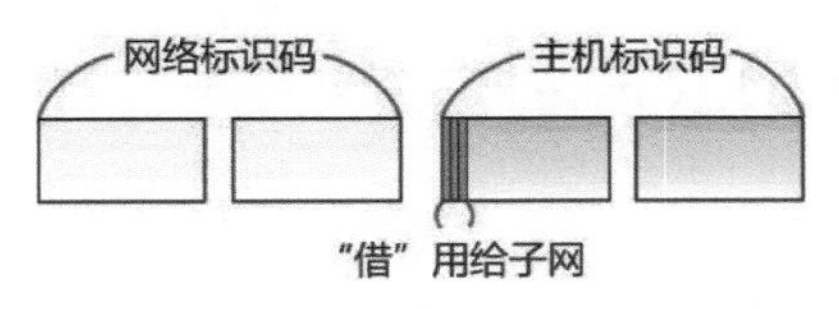

图 3-10　向 B 类 IP 地址的主机标识码“借”3 位作为子网的标识码

因为这3位可产生8种变化（000~111），所以可分出8个子网来，如图3-11所示。

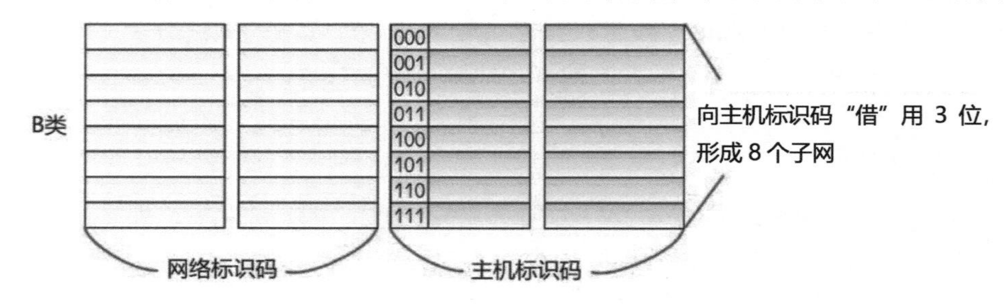

图 3-11　3 位可分出 3 个子网

在主机标识码被“借”走了3位后，主机标识码就只剩下16 – 3 = 13位了，所以能用的主机标识码就剩下2^{13}=8192个地址了，再减去全为0与全为1的标识码，所得到的地址数量就是8190个。换句话说，经过这样操作，可分割出8个可用的子网(见图3-12)，而每个子网都拥有8190个实际可用的IP地址。

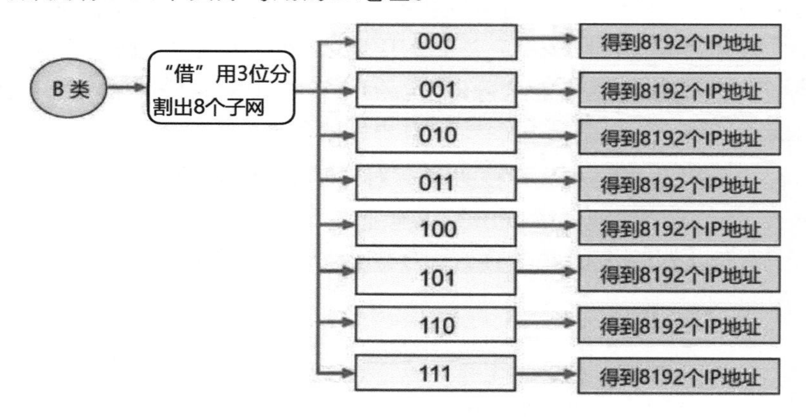

图 3-12　分割出 8 个子网

由上面的网络规划可知，所“借”的位数越多，形成的子网就越多，与此同时每个子网下所拥有的可用地址则越少。另外，由于是从主机标识码部分的首位开始借，因此分割网络时所形成的子网数量必定是2的幂次方。表3-4为B类网络可被分割的子网数。

表 3-4　B 类网络的子网分割表

向主机标识码借的位数	可分割出的子网数	每个子网可用的主机标识码数量
1	2	32768
2	4	16384
3	8	8192

（续表）

向主机标识码借的位数	可分割出的子网数	每个子网可用的主机标识码数量
4	16	4096
5	32	2048
6	64	1024
7	128	512
8	256	256
9	512	128
10	1024	64
11	2048	32
12	4096	16
13	8192	8
14	16384	4

注意，子网在“借”位时会因为路由器的不同而有所限制。在早期RFC 950中规定子网在分割时有一个限制：不可以将子网标识码只用一位来表示，因为这样只能建立两个子网地址，考虑到要扣除全为0与全为1的两个地址，所以如果只“借”用一位，那么分割出来的子网就没有实际可用的IP地址了。

在RFC 1812文档中指出，允许在分割子网时，子网地址可以使用全部为0或全部为1的位，前提是一定要主机与路由器都支持才行。目前大部分的软硬件并没有这项限制，也就是说，即使子网地址全部为0或全部为1也可以被接受。

特别说明，表3-4中只是列出当向主机标识码“借”多少位数时可以分割出多少个子网数，以及每个子网可分配到的主机地址个数。在实际应用中，主机标识码不得全部为0或全部为1，因此每个子网可用的主机地址的数量必须减2。

此外，在B类网络借位到15位和16位时是不可行的：当借位到15位时，分割后的每个子网中只有两个主机数量，扣除广播数据包地址与网络本身的地址，每个子网就没有可用的主机地址了；借位到16位时，根本没有主机标识码可用来产生网络地址，因此也是不合法的。这就是在表3-4中没有列出向主机标识码借位15位和16位的原因。

C类网络可被分割的子网数如表3-5所示。

表 3-5　C 类网络的子网分割表

向主机标识码“借”的位数	可分割出的子网数	每个子网可用的主机标识码数量
1	2	128
2	4	64
3	8	32

（续表）

向主机标识码“借”的位数	可分割出的子网数	每个子网可用的主机标识码数量
4	16	16
5	32	8
6	64	4

C类网络借位至7位及8位是不可行的。当借位至7位时，子网中只会有两个主机数量，也就是0与1，扣除广播数据包地址与网络本身地址就没有可以使用的主机地址了；借位到8位时，根本就没有主机标识码可以产生网络地址。这就是我们在表3-5中没有列出向主机标识码借位7位及8位的重要原因。

3.2.2 子网掩码

虽然可以将拥有较大IP地址量的网络分类进行分割，但是在IP路由器转发IP数据包时被分割出的子网必须让IP路由器可以识别，因为IP路由器只能利用网络标识码和主机标识码来进行数据包的转发，而且网络标识码和主机标识码在IP地址分类中所占的位数也是固定的。例如，A类IP地址的网络标识码占用了8位，其主机标识码占了24位，如果进行了子网分割，就势必要告诉IP路由器子网的网络标识码与主机标识码所占的长度，因此我们可以利用一个与IP地址相同长度（32位）的子网掩码（Subnet Mask）来辅助识别网络标识码与主机标识码。

子网掩码又被称为地址掩码或网络掩码，是由一连串的1与一连串的0所构成的，全部长度为32位（4字节），其表示方法与IP地址的表示法相同，如图3-13所示。

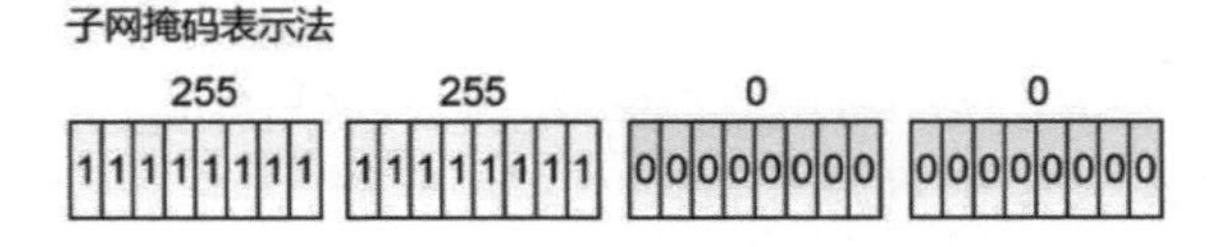

图 3-13　子网掩码表示法示意图

值得注意的是，子网掩码必须是由连续的1再加上连续的0所构成的。因为在子网IP地址里所有的1指的是网络标识码所占的位数，所有的0指的是主机标识码所占的位数，所以不能在连续的1内插入一个0，也不能在连续的0内插入一个1。以下掩码是不合法的（1不是连续出现的）：

11111111　00111111 11110000 00000000

或

11111111　11101111 00000000 00000000

例如，一个B类地址向主机标识码“借”了3位来进行子网分割，这时的子网掩码所使用“1”的总数就等于网络标识码与子网标识码的位数总和。所以，在IP路由器收到IP数据包时，IP路由器会按照子网掩码来计算子网的网络标识码和主机标识码所占的位数，如图3-14所示。

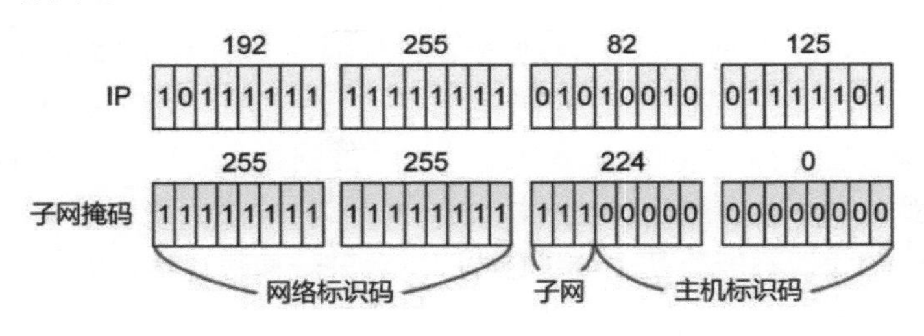

图 3-14　使用子网掩码的示例

在本例中子网掩码共有19个“1”，除了B类地址网络掩码的16个“1”，另外有3个“1”是向主机标识码“借”来的。同理，也可以将IP地址与子网掩码写成192.255.82.125 / 19。这里“/”的作用是分隔，“/”之前的192.255.82.125表示地址，“/”之后的19代表网络标识码所占的位数。

如果未进行子网分割，那么A类地址子网掩码应设置为255.0.0.0，B类地址子网掩码应设置为255.255.0.0，C类地址子网掩码设置为255.255.255.0，这也就等于网络标识码的位数。

子网掩码必须与IP地址配对使用，因为路由器会将子网掩码与IP地址的每位执行AND（按位“与”）运算，以判断该IP地址属于哪一个子网。例如，在B类地址中，如果向主机标识码“借”了三位来进行子网分割，则子网掩码必须设置为255.255.224.0。如果有一个目的IP地址为149.83.34.14的数据包发送至路由器，那么路由器会将这个地址和子网掩码进行AND运算，如图3-15所示。

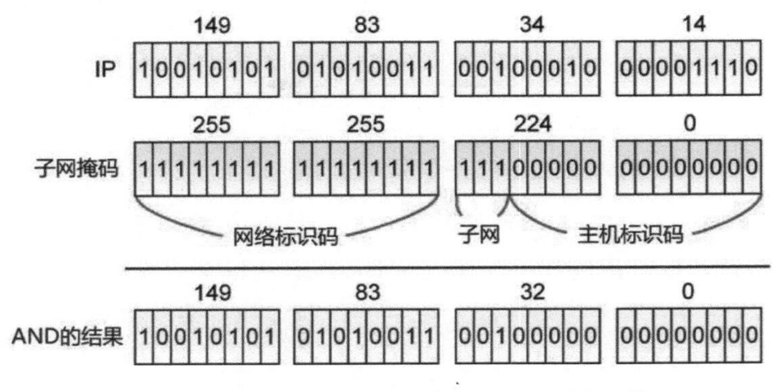

图 3-15　将目的地址与子网掩码进行 AND 运算

路由器经过上述的AND运算后可知，149.83.34.14属于子网149.83.32.0中的IP地址，如果这个地址不在子网中，路由器就会根据自身的路由表将它转发出去。

3.2.3 无类别域间路由

B类地址的浪费是造成IP地址急速用尽的原因之一，在3.2.2节的范例中用子网（Subnet）技术将原网络类别的IP地址分割成其他子网的IP地址，这样做虽然解决了网络性能的问题,但是当分配到拥有较多IP地址数量的网络类别时如果还是没有使用到所有的IP地址，那么依然会有不少IP地址被浪费掉。C类网络的IP地址相当充裕，既然网络可以分割，那么为何不能将几个C类地址加以合并，使得IP地址的数量更接近所需使用的IP地址数量呢？

为了解决上述问题，IETF（Internet Engineering Task Force，因特网工程任务组）提出了无类别域间路由（Classless Inter-Domain Routing，CIDR）标准。CIDR是一种将数个C类地址合并的方法，合并后的网络被称为超网（Supernet）。

子网分割是向主机标识码"借"位（bit），超网合并则是主机标识码向网络标识码"借"位，将几个连续的C类地址合并成一个超网，如图3-16所示。

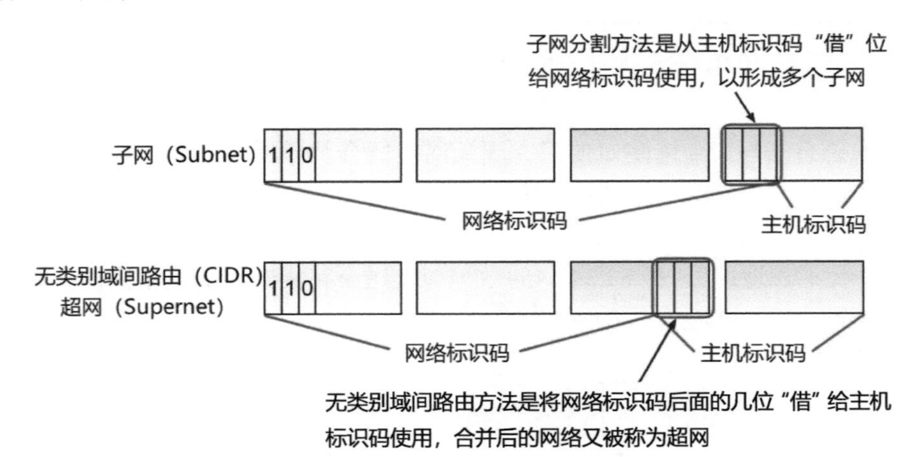

图 3-16 子网分割与超网示意图

例如,在一家小规模的企业荣钦科技里，对IP地址的需求量不少，但它不一定可以分配到拥有较多IP地址数量的网络类别（如B类），可能只分配到拥有较少IP地址数量的网络类别（如C类）。C类网络所能分配到的IP地址数量最多只有254个，对于荣钦科技而言它的IP地址需求量是1500个，存在严重的不足。

以CDIR技术来说，虽然它还是会有多余的IP地址，因为地址数量的递增遵从2的幂次方数的规则，例如2、4、8…个C类地址，而且要求所分配到的C类网络的网络标识码必须是连续的，如此才能进行合并。因此，也没有办法让合并的地址数量刚好满足各个用户所需的数量。不管如何，这种方式还是能避免浪费过多的IP地址。

就如上述的范例，荣钦科技对IP地址的需求量是1500个，势必要分配到2^{11} = 2048（最接近1500这个数值的2的幂次方）个地址。因此，用C类网络（每个网络具有254个IP地址）的话就需要分配8个（8×254 = 2032个IP地址）。

首先，将C类网络的主机标识码定义成11位（bit），其他的21位则代表网络标识码。换句话说，C类网络的网络标识码的最后3位"借"给了主机标识码，那么主机标识码就有11位，再将这种合并后的网络地址分配给荣钦科技使用，如图3-17所示。

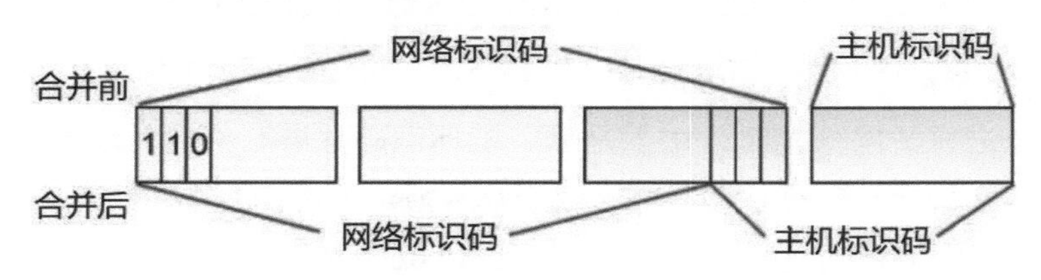

图 3-17　合并 C 类网络地址满足目标用户的需求

按照此种方式可以将8个C类网络地址合并成一个网络，那么荣钦科技就可以一次分配到2048个IP地址，也就满足了荣钦科技对IP地址的需求量。

在这个例子中，荣钦科技需要1500个IP地址，因此需要用到8个连续的C类网络地址来进行合并。假设荣钦科技分配到的是192.168.240.0到192.168.247.0这8个连续的C类网络地址，使用二进制表示法来表示这些网络的话，就会知道为何需要使用8个连续的C级网络地址（见表3-6）。

表 3-6　使用二进制表示 8 个 C 类网络

192	168	240~247	0~255
11000000	10101000	11110000	00000000~11111111
11000000	10101000	11110001	00000000~11111111
11000000	10101000	11110010	00000000~11111111
11000000	10101000	11110011	00000000~11111111
11000000	10101000	11110100	00000000~11111111
11000000	10101000	11110101	00000000~11111111
11000000	10101000	11110110	00000000~11111111
11000000	10101000	11110111	00000000~11111111

合并上面8个连续的C级网络地址后，接下来使用合并后的子网掩码。C级网络地址

的子网掩码原本是255.255.255.0，要合并这8个C级网络地址的话就必须将子网掩码改为255.255.248.0。在CIDR的技术中，是以主机标识码向网络标识码“借”位来使用的，因此子网掩码相对缩短了（注意不是加长了），如图3-18所示。

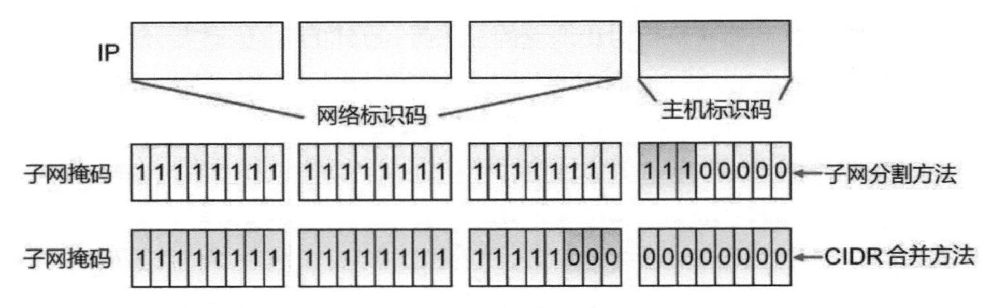

图 3-18 使用 CIDR 合并 C 类网络地址时相应的子网掩码缩短了

注意，在进行子网分割时，由于是从主机标识码“借”位的，因此部分子网掩码位由0改为1；在合并网络时，正好相反，将几个连续的位由1改为0。

合并后的这8个网络可以用192.168.240.0/21来表示，代表192.168.240.0到192.168.247.0的连续地址网络。

3.2.4 网络地址转换

随着数以亿计的计算机和网络设备加入因特网，因特网IP地址不足的问题将愈发严重，尤其是在一般中小型企业中，因为不见得会有专职的网络管理人员来维护及分配IP地址，大部分企业使用的都是从ISP申请核发的IP地址，如今大都不敷使用。因此，目前中小企业中普遍应用网络地址转换（Network Address Translation，NAT）机制来解决IP地址不足的问题。

NAT机制可以让专用网上的计算机和网络设备存取因特网上的资源，而不用直接让这些计算机与因特网连接。简单来说，有一台具有NAT功能的网络设备，可以将私有IP（Private IP，也称为私网IP或内网IP）和公有IP（Public IP，也称为公网IP或外网IP）进行转换，对外传输时将数据包报头中源地址的私有IP（也就是大家常见的192.168.xxx.xxx这个地址），替换成公有IP地址再传送到因特网。NAT机制可以让任何网络上的计算机或网络设备使用可重复的私有IP地址来连接至因特网上拥有全局唯一的公有IP地址的计算机。事实上，使用NAT机制可以大幅减少对IP地址的需求，因为基本上整个内部网络上的计算机或网络设备都可借助NAT机制通过一个公有IP地址来连接到因特网，也就暂时解决了IPv4地址基本耗尽的问题。

前面我们曾经提过有些特殊的IP地址被特意保留下来，这些IP地址通常也被称为私有IP地址，这些IP地址的数据包并不会经过路由器而连接到因特网上，因此它们可以在企业内的局域网中重复使用。这些私有IP地址的范围如表3-7所示。

表 3-7　私有 IP 地址的范围

类　　别	私有 IP 地址的范围
A 类地址	10.0.0.0～10.255.255.255
B 类地址	172.16.0.0～172.31.255.255
C 类地址	192.168.0.0～192.168.255.255

通过NAT机制，我们可以让局域网中多台计算机的私有IP地址转换为一个公有IP地址，然后进行数据交换。下面我们通过图3-19来为大家说明NAT机制的运行过程。其中的局域网使用私有IP地址（例如192.168.x.x或10.x.x.x），与这个局域网相连的路由器支持NAT。NAT主机上有两块网卡：网卡1使用的是私有IP地址与局域网中的其他计算机连接；网卡2附有公有的IP地址，可以通过路由器访问外部的因特网。

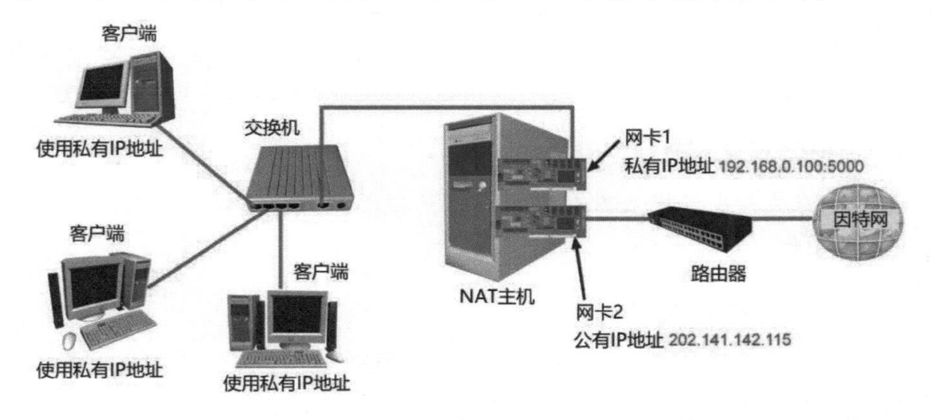

图 3-19　局域网内的计算机或网络设备通过支持 NAT 的路由器去访问外部的因特网

从图3-19所示的架构图中可以看出，当使用私有IP地址的客户端需要对外（因特网）传送数据包时，数据包会先行送到具有NAT功能的主机上，也会在源IP地址后面加入由客户端程序所产生的端口号，此例中通信端口号为5000。当数据传送出去时，还必须指定由对方的哪一个应用程序来接收，这也是NAT机制能判断要转发到哪一台主机的原因，这时计算机中的应用程序使用TCP/IP存取数据便会产生一个具有IP地址和端口编号为192.168.0.100:5000的数据包。

对于因特网上的主机来说，只能看到公有IP地址（202.141.142.115），这时必须将数据包中源地址的私有IP地址转换为公有IP地址（202.141.142.115），如此才能够通过路由器将此数据包传送到因特网上。

当数据包从因特网外部传入时，NAT主机在接收此数据包后同样会先行判断其目的地址，然后将目的地址从公有IP地址（202.141.142.115）转换为该客户端的私有IP地址后再传送，并根据目的地址上的端口编号来找出对应的客户端计算机。

≫3.3 IP 数据包

IP协议是在DOD模型的网络层运行的协议，可以承载来自传输层中不同协议的数据，例如TCP、UDP等，而这些相关数据都会记录在IP数据包中。一般来说，不同网络类型对每一个IP数据包的大小限制都不相同。如果有数个局域网彼此相互连接，就要将数据从某个网络传送至另一个网络，并要进行适当封装（Encapsulation）。封装的内容中除了目的端的信息外，还必须包括传送过程中的路径选择。

3.3.1 数据包传送方法

数据包在网络上进行传送时，以是否建立连接来分，通常可分为面向连接（Connection-Oriented）和面向无连接（Connectionless-Oriented）两种传送方式。

1. 面向连接传送方式

面向连接传送方式是指双方在进行数据传送前必须先通过沟通建立连接，比如TCP协议就是如此。

2. 面向无连接传送方式

面向无连接传送方式是指发送端只管将数据发送出去，其他的事就不管了，比如UDP协议就属于这种数据传送方式。为什么要用面向无连接的数据传送方式呢？原因是要让数据高速地在通信传输介质中传输，排除不必要的判断。IP协议在进行数据传送时也是一种面向无连接的传送方式，它只负责将必要的信息进行封装并送上网络。接下来数据的送达与否与它并无关系，确认是否送到的工作就交由上层的协议去完成。

3.3.2 IP 数据包的分割与重组

IP数据包传送的工作就是将发送端所产生的IP数据包传送到目的端的计算机或网络设备上。不同网络类型对每一个IP数据包的大小限制不相同，有的网络信道较大，有的网络信道较小，因此数据在传送的过程中会经过不同最大传输单位（Maximum Transmission Unit，MTU）大小的网络，也就是不同类型的网络所允许的数据包大小会有所差异。当数据包试图从较小MTU的以太网通过较大MTU的ATM网络进行传送时是没有问题的；反之，如果要从较大MTU的ATM网络通过较小MTU的以太网进行传送时，可能就无法通过了。

提　示
MTU代表一个网络所能传送数据包的最大尺寸，大于这个尺寸的数据包会被分割成好几个数据包进行传送。

当数据通过网络进行传送时，要适当地进行分段(Fragmentation),封装成数据包。当这些数据包陆续抵达目的端后，必须将它们重新组装（Reassemble），还原至原来的数据内容。也就是说，把数据分割成较小的单元后即可从较大MTU的网络通过较小MTU的网络，在这些较小的数据包送达目的端时，目的端会按照一定的规则将这些小数据包重新组装起来，再送给上一层进行处理。表3-8列出了各类型网络的MTU值。

表3-8　不同网络的MTU值

网络类型	MTU（单位：字节）
以太网	1500
4Mbps 令牌环网络	4464
16Mbps 令牌环网络	17914
FDDI	4352
ATM	9180
X.25	576
802.11	2272

3.3.3 IP数据包的架构

IP数据包是IP协议在传送数据时的基本单位，在了解了IP协议的运行方式之后接下来学习IP数据包如何进行数据包的传送、分割、重组等。IP数据包可分为报头（Header）和承载数据（Payload，也称为载荷）两大项（见图3-20）。报头可以存储20～60字节的数据，容量以4的倍数递增，记录着IP数据包传送的相关信息，比如版本、数据包长度、存活时间（TTL）、目的端地址、路由信息等。IP承载数据的内容主要来自上层协议的封装数据，至于在传送过程中数据包如何抵达目的地，主要是靠IP报头中所记录的相关信息。例如，TCP或UDP的数据包里最短长度为8字节，最长为65515字节。

IP报头	IP承载数据

图3-20　IP数据包可分为报头和承载数据两大项

IP报头中有许多分类位与字节，它们都有固定的意义和功能，如图3-21所示。

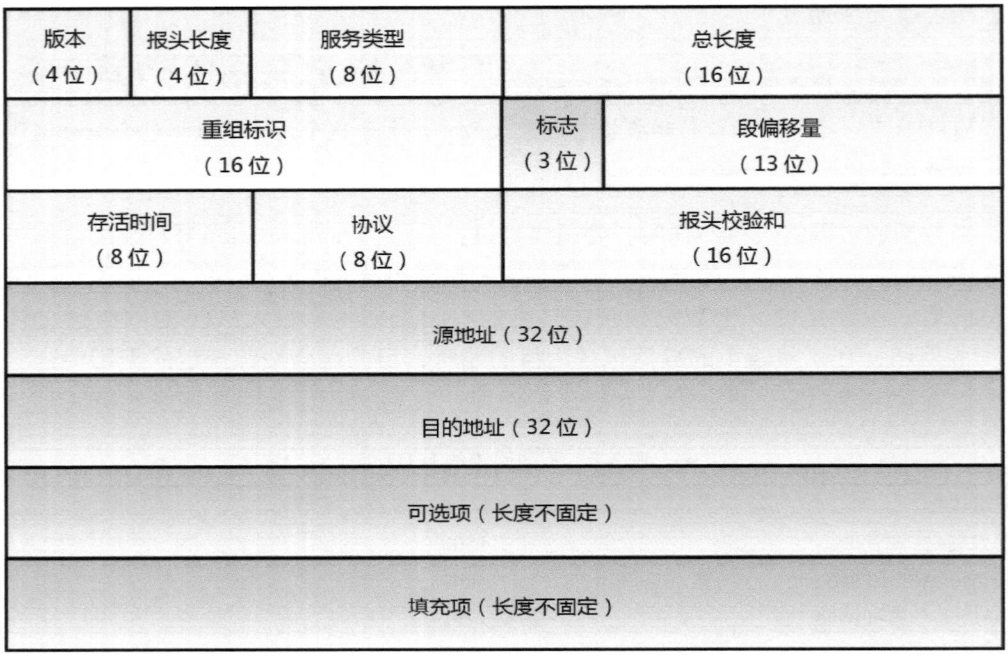

版本（4位）	报头长度（4位）	服务类型（8位）	总长度（16位）	
重组标识（16位）			标志（3位）	段偏移量（13位）
存活时间（8位）		协议（8位）	报头校验和（16位）	
源地址（32位）				
目的地址（32位）				
可选项（长度不固定）				
填充项（长度不固定）				

图 3-21　IP 数据包内部的字段及其格式

IP数据包中各个字段的说明如图3-22所示。

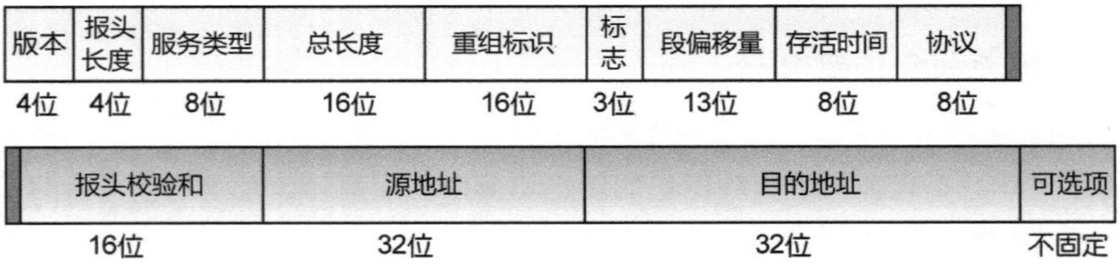

版本	报头长度	服务类型	总长度	重组标识	标志	段偏移量	存活时间	协议
4位	4位	8位	16位	16位	3位	13位	8位	8位

报头校验和	源地址	目的地址	可选项
16位	32位	32位	不固定

图 3-22　IP 数据包内的字段及其说明

1. 版本（Version）

版本在IP报头中占了4位（bit），主要用来声明IP数据包格式的版本。此例使用的是IPv4标准的IP包格式，所以值为4（对应的二进制数为0100），不过IP的版本已经到了第六版。

2. 报头长度（HL）

该字段用4位来表示IP数据包内的IP报头的长度。因为报头长度的基本单位为4字节，所以要计算报头长度时必须将这个字段的值乘以4。例如，这个字段的值为1010，换算成十进制数就是10，因此报头长度是10 × 4 ＝ 40（字节）。因为这个字段是以4位来表示的，所以最大值为1111，即十进制数的15，报头的最大长度就为15 × 4 ＝ 60（字节）。

3. 服务类型（Type of Service，ToS）

该字段共占用8位，这8位又分成6个单位：优先权（Precedence）占3位、延迟（Delay）占1位、吞吐量（Throughout）占1位、可靠性（Reliability）占1位、开销（Cost）占1位、保留（Reserved）占1位，如图3-23所示。

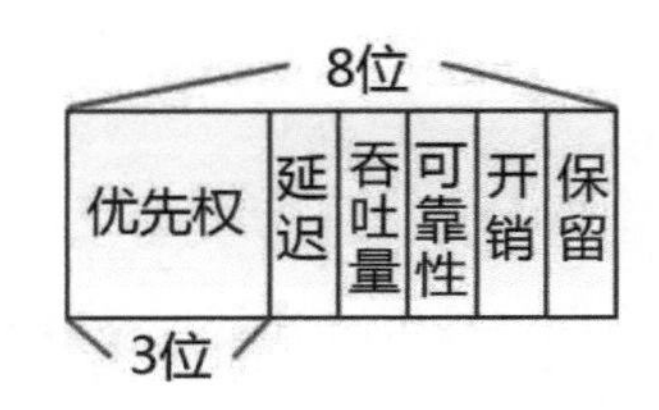

图 3-23　服务类型字段内各个位的含义

（1）优先权

优先权用于设置IP数据包的优先权，值越大，优先权越高。对优先权字段的定义当初是为了满足美国国防部对IP协议的需求，现在优先权这个字段几乎不采用了。通常以0（优先权最低级，例行程序）作为优先权的默认值。

（2）延迟

0表示普通延迟，1表示最短的延迟。

（3）吞吐量

0表示普通吞吐量，1表示最大吞吐量。

（4）可靠性

0表示普通可靠性，1表示最大可靠性。当希望数据包在传送过程中尽量避免被丢弃或遗失时，可靠性字段设置为1。

（5）开销

0表示普通开销，1表示最小开销。将开销字段设置为1时，IP数据包会按最小开销的路径来进行传输。

（6）保留

保留字段给未来使用。

4. 总长度（Total Length）

该字段占2字节（16位），用来记录IP数据包的总长度，等于IP报头与承载数据两部分长度的总和。

5. 重组标识（Identification）

此字段占用2字节(16位)，主要用来标识数据包的顺序。这个字段是由发送端(源设备)定义的，其顺序是以递增1的方式进行的。等待数据包送达目的端后，就根据这些重组标识的顺序来重新组合数据包。

6. 标志（Flag）

标志又称为数据包分割标记，此字段占用3位。这3位代表不同的功能，主要用于判断数据包是否被分割、被分割的数据包是否为最后一个。

7. 源地址（Source Address）

源地址字段共占4字节（32位），用来记录源设备的IP地址。

8. 目的地址（Destination Address）

与源地址字段一样，一共占用4字节。此字段用来记录目的设备的IP地址。

9. 报头校验和（Header Checksum）

报头校验和字段占用2字节（16位），用于对IP报头进行检查，目的是确保报头的完整性。

10. 协议（Protocol）

协议字段占1字节(8位)，主要用于记载上一层(传输层)的通信协议，比如TCP、UDP、ICMP、IGMP等。在上一层里，网络两端的计算机设备已经达成了一样的通信协议，然而达成的通信协议会以代码的方式封装在网络层IP数据包内的协议字段中。表3-9列出几个常见的设置值及对应的通信协议。

表 3-9 常用的设置值及通信协议

设 置 值	通信协议
1	ICMP
2	IGMP
6	TCP
17	UDP
41	IPv6

11. 存活时间（Time to Live，TTL）

此字段占用1字节（8位），用于设置IP数据包在路由器中能存活的时间。在因特网中，数据必须经过许多路由器的转发才能到达目的端。由于IP协议是一种面向无连接的通信协议，发送端无法得知目的端的情况，因此在这些路由器的转发过程中无法确保数据包不会一直在因特网中来回“游荡”而造成无限循环。为了避免发生这类情况，必须限制IP数据包在因特网中存活的时间。如果IP数据包的TTL（存活时间）值默认设置为128，那么每经过一个路由器就会将此值减去1。如果数据包的TTL值为1，那么在抵达路由器时，TTL值将被减为0，此时路由器会丢弃此数据包。

12. 段偏移量（Fragment Offset）

该字段共占用13位，指的是数据包的偏移量。IP数据包被分割之后会产生许多分段，这些分段的偏移量会被记录在段偏移量字段中，换句话说就是记录这些分段在原始数据中分段开始的位。段偏移量以8字节为单位。

3.4 IP 路由

路由一词来自于英文的“route”，是IP数据包用来决定传送路径的方法，是作用于主机或路由器上的一种协议。简单来说，它也是一种存储转发的程序，让数据从一个IP通信设备转发到任意一个IP通信设备。为了执行存储–转发的程序，每一个IP路由与主机之间的传送都必须经由主机的IP路由表。

3.4.1 路由器的特性

IP路由是数据包传送的路径选择方式（见图3-24），是一个相当复杂的过程，数据包传送路径的选择是由路由器决定的，所以网络性能的高低取决于路由器是否能为数据包选择一个最有效率的传送路径。在因特网中，数据包是否能快速正确地抵达目的端，决定性因素就是IP路由方式。

路由器主要用来连接各种不同类型的网络，并负责接收网络上的数据包。路由器接收数据包后会检查数据包的目的地址，根据其大小、缓急来选择最佳的传送路径，以使数据包能够顺利抵达目的端。路由器除了扮演转发数据包的重要角色之外，基本功能还包括将网络分割开，是连接网络的重要设备。路由器可用于连接两个以上的网络，必须具备以下几个基本功能。

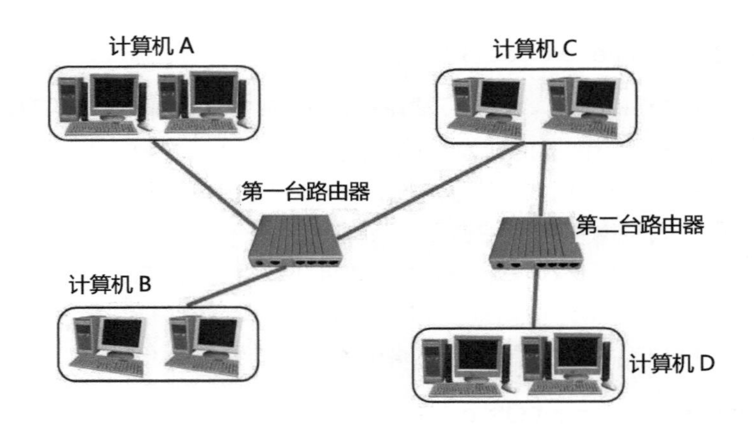

图 3-24　IP 数据包路由的选择

（1）路由器必须有解读IP数据包的能力，也就是它必须能运行于DoD模型的网络层以上。

（2）路由器通常具有两个以上的网络接口，以便连接多个网络或其他路由器，这个网络接口通常指的是网卡接口，每个网络接口各分配有一个IP地址。

（3）路由器中具备路由表，可以推算出最佳路径，让IP数据包使用最小的开销来抵达目的端。

3.4.2　IP 数据包传送方式

IP转换的程序与IP路由表被广泛用于点对点（Point-to-Point）、广播（Broadcast）与非广播多路访问（Non-Broadcast Multiple Access）的IP网络类型上。首先来看一下IP转换和IP路由表是如何用于这三种IP网络类型的。

1. 单播（Unicast）

单播就好像是在一个充满人群的房间中打算与某个特定的人进行对话，属于一对一的传送模式。它仅能针对两个节点进行IP数据包的传输，即要发送数据包的计算机必须先对网络发出询问。如果使用的是TCP/IP协议，就要先以IP地址来获取MAC物理地址，然后根据这个物理地址进行数据包的传送。

2. 广播（Broadcast）

在IP地址中，主机标识码（Host ID）全部为1（二进制位的值全为1，相当于十进制的255）时用于广播地址。当用此地址发送消息给目的地址时，局域网上的所有计算机都会接收到此消息，属于一对多的传送模式。例如，要询问某个网络设备的MAC地址时，就采用这种广播方式来进行询问。

3. 组播（Multicast）

组播方式可以将数据包同时发送给指定的组，虽然也是一对多的传播模式，不过不像广播方式会发送给网络内的每一台计算机和网络设备，除了使用上更有效率之外，还节省了建立网络连接时所花费的带宽，这种传播方式通常用于视频会议或实时广播。

此外，我们也可以从发送端与目的端是否位于同一个网络把组播方式分为直接传送（Direct Delivery）与间接传送（Indirect Delivery）两种方式。

（1）直接传送

直接传送指的是发送端与目的端位于同一个物理网络内，发送端只要知道对方的物理地址就可以将数据送达。在以太网中，通常是利用广播方式来得知目的端的MAC地址，再将数据传送给指定地址的设备。

（2）间接传送

间接传送指的是发送端与目的端并不位于同一个物理网络内，必须通过路由器将数据传送至物理网络外部。在数据尚未抵达目的端之前，数据的传输过程都被称为间接传送，直到当最后一个路由器把数据传送至目的端时最后这段传送才被称为直接传送。

3.4.3　IP 数据包与路由流程

IP数据包在网络中传送时，从内部至外部将会经过数个路由器的转发。数据包在决定路径时所根据的就是存储于路由器中的路由表，这个路由表可以是静态的且需手动更新的记录表，也可以是动态的且由程序自行维护和更新的记录表。路由表中记录了路由器中不同的网络接口各自连接了哪个网络，或可通过哪个网络作为桥梁以抵达另一个网络。路由器必须从路由表中推算出IP数据包的传送路径。

不同的路由器的有关连接方式与路由表的设置都不相同。路由表会因厂商的不同而不同，通常具备以下5个字段。

（1）目的网络地址（Network Destination）

此字段用来设置目的网络的地址或单个目的主机的地址，为了节省路由表所占据的空间，通常并不会为单个主机设置专用的路由信息。

（2）子网掩码（Netmask）

此字段用来设置目的网络或目的主机的子网掩码，如果是代表单个主机，则网络掩码为255.255.255.255。

（3）网络接口（Interface）

此字段记录路由器上的网络接口（网口），也就是数据包转发出去时所要使用网络接口的IP地址。

（4）网关（Gateway）

如果数据包的目的网络不在路由器直接连接上，那么此字段记录数据包要转发给哪一个路由器接口呢？因为一个网络可能有两台以上的路由器，所以必须加以指定；如果目的网络已经在路由器的直接连接上，那么填上路由器与目的网络的接口地址即可。

（5）路由开销（Metric）

路由开销用来表示数据包传送所需的开销，通常是指数据包所要经过的路由器跳数（Hop），如果有两条以上的可用路径，则挑选路径开销较小的路径。

为了说明路由表的内容，我们以图3-25中的路由器与网络连接情况来进行说明。

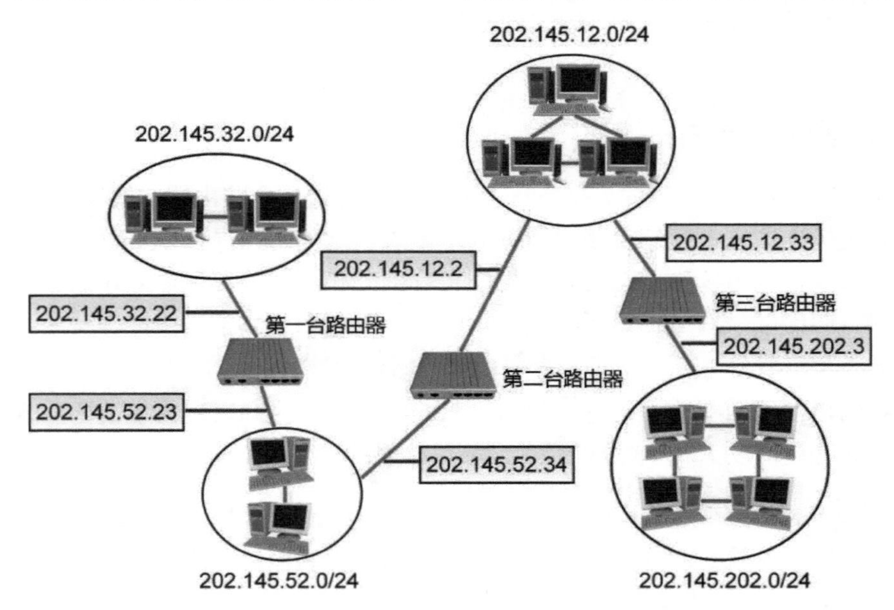

图 3-25 路由器及路由表的内容示例

参考图3-25中的路由器，它们的路由表内容可能如表3-10～表3-12所示。

第一台路由器的路由表内容如表3-10所示。

表 3-10　第一台路由器的路由表

目的网络地址（Network Destination）	子网掩码（Netmask）	网络接口（Interface）	网关（Gateway）	路由开销（Metric）
202.145.32.0	255.255.255.0	202.145.32.22	202.145.32.22	1
202.145.52.0	255.255.255.0	202.145.52.23	202.145.52.23	1
202.145.12.0	255.255.255.0	202.145.52.23	202.145.52.34	2
202.145.202.0	255.255.255.0	202.145.52.23	202.145.12.33	3

在第一条路由表记录中，目的网络地址为202.145.32.0/24，所以子网掩码为255.255.255.0，与第一台路由器的网络接口202.145.32.22连接；由于目的网络与路由器相连接，因此网关与网络接口设置的地址相同；因为只经过一台路由器，所以路由开销设置为1。在第二条记录中，目的网络地址为202.145.52.0/24，所以子网掩码也为255.255.255.0，与第1台路由器的网络接口202.145.52.23连接；由于目的网络与路由器相连接，因此网关与网络接口的地址也相同；也是只经过一台路由器，所以路由开销也设置为1。

接下来看第三条记录，目的网络地址为202.145.12.0/24，所以子网掩码为255.255.255.0，不过因为目的网络202.145.12.0不在第一台路由器的直接连接上，所以必须先通过第一台路由器的网络接口202.145.52.23转发出去；目的地为第二台路由器的网络接口202.145.52.34，所以可以按照这个地址来设置网关；因为必须通过两台路由器，所以路由开销设置为2。

第四条记录的目的网络地址为202.145.202.0/24，所以子网掩码为255.255.255.0，不过因为目的网络202.145.202.0不在第一台路由器的直接连接上，所以必须先通过第1台路由器的网络接口202.145.52.23转发出去；目的地为第三台路由器的网络接口202.145.12.33，所以可以按照这个地址来设置网关；因为必须通过3台路由器，所以路由开销设置为3。

第二台路由器的路由表内容如表3-11所示。同样的，子网掩码都为255.255.255.0。

表 3-11　第二台路由器的路由表

目的网络地址（Network Destination）	子网掩码（Netmask）	网络接口（Interface）	网关（Gateway）	路由开销（Metric）
202.145.32.0	255.255.255.0	202.145.52.34	202.145.52.23	2
202.145.52.0	255.255.255.0	202.145.52.34	202.145.52.34	1

（续表）

目的网络地址（Network Destination）	子网掩码（Netmask）	网络接口（Interface）	网关（Gateway）	路由开销（Metric）
202.145.12.0	255.255.255.0	202.145.12.2	202.145.12.2	1
202.145.202.0	255.255.255.0	202.145.12.2	202.145.12.33	2

第一条记录的目的网络地址202.145.32.0/24与第二台路由器不直接连接，所以必须先通过第二台路由器的网络接口202.145.52.34转发出去，目的地为第一台路由器的网络接口202.145.52.23，所以可以按照这个地址来设置网关；因为必须通过两台路由器，所以路由开销设置为2。

第二条记录的目的网络地址202.145.52.0/24与第二台路由器的网络接口202.145.52.34直接连接，因此网关与网络接口设置为相同的地址；因为只经过一台路由器，所以路由开销设置为1。

第三条记录的目的网络地址202.145.12.0/24与第二台路由器接口202.145.12.2相连接，所以网关和网络接口设置为相同的地址；因为只经过一台路由器，因此路由开销设置为1。

第四条记录的目的网络地址202.145.202.0不在第二台路由器的直接连接上，所以必须先通过第二台路由器的网络接口202.145.12.2转发出去，目的地为第三台路由器的网络接口202.145.12.33，所以可以按照这个地址来设置网关；因为必须通过两台路由器，所以路由开销设置为2。

第三台路由器的路由表内容如表3-12所示，具体含义与上面的解释类似，这里不再详述。

表 3-12　第三台路由器的路由表

目的网络地址（Network Destination）	子网掩码（Netmask）	网络接口（Interface）	网关（Gateway）	路由开销（Metric）
202.145.32.0	255.255.255.0	202.145.12.33	202.145.52.23	3
202.145.52.0	255.255.255.0	202.145.12.33	202.145.12.2	2
202.145.12.0	255.255.255.0	202.145.12.33	202.145.12.33	1
202.145.202.0	255.255.255.0	202.145.202.3	202.145.202.3	1

3.4.4　路由表类型

路由器是根据路由表来进行数据包转发的。路由按维护的方式与作用可以分为静态路由（Static Route）和动态路由（Dynamic Route）两种。

1. 静态路由

静态路由是由网络管理员手动建立的路由表文件。网络管理员事先根据网络物理连接情况将路由信息逐条加入到路由表中，由于路由信息已经建立好，因此这种情况下不用再浪费带宽进行路由信息的交换，与此同时路由器也不再需要额外处理路由信息的更新。在一个小型网络中，使用静态路由是一个很不错的选择，如果网络规模较大，即使网络线路不出问题，那么仅是建立路由表的工作量就不小。倘若网络的连接发生了变化，静态路由表的内容就必须手动更新。即使或是某条网络线路突然断线了，静态路由表也不会主动更新路由表的内容。

2. 动态路由

在建立静态路由的过程中，应该可以体会到静态路由建立的麻烦，如果网络持续扩容，那么路由表的信息将暴增，变得难以维护。当网络规模扩容至某个程度时，就需考虑使用动态路由设置。动态路由使用程序与算法来动态推算路径、维护路由表内容，所使用的方法就是与邻近的路由器交换路由表的信息。每台路由器会根据所得到的路由信息进行判断，以决定是否更新自身现有的路由表内容，这样就可以反映出网络连接的实际情况，而不用管理员手动建立路由表。

如果路由器采用动态方式建立路由表，那么有关路由记录的建立、维护、路径计算与最佳路径选择则是通过动态路由协议（Dynamic Routing Protocol）机制来完成的。动态路由协议之所以可以计算出数据包传送的最佳路径，主要是通过协议本身的算法（Algorithm）来完成的。路由器的动态路由协议很多，按照功能、层级、负责的范围而有所不同，下面列出几种常见的路由协议。

- RIP（Routing Information Protocol，路径信息协议）
  RIP主要用于小型网络，是一种开放式的协议，于1988年6月收纳在RFC 1058文件中。在这个协议中，所谓的距离指的并不是路由器与网络设备之间实际连接线路的长度，而是指传输数据包时所要花费的“成本”—— 路由开销，比如所经过的路由器的数量等。

- IGRP（Interior Gateway Routing Protocol，内部网关路由协议）
  IGRP是在20世纪80年代中期由Cisco公司开发的路由协议，同样采用距离向量算法。它是Cisco的专属协议，主要用于中、大型网络，并且解决了距离向量算法上的一些问题。在20世纪90年代，Cisco公司还提出了后续版本EIGRP（Enhanced IGRP，增强的IGRP）。

- OSPF（Open Shortest Path First，开发最短路径优先）
  OSPF是用于大型网络的标准协议，也是一个开放式的标准协议，收纳于RFC 1247文件中。与前两个协议不同的是，它所采用的并非距离向量算法，而是采用链路状态（Link State）的方式来反映网络的真实情况。

3.5 查询 IP 及路由的实用指令

最后补充介绍几个IP地址、数据包及路由信息的查询工具，以便更好地了解本章所介绍的内容。这些实用的指令包括**ping**、**ipconfig**、**netstat**、**tracert**等。

3.5.1 ping 指令

ping指令是用来检查网络连接状态与查看连接质量的实用指令。在Windows 10操作系统中，先进入"命令提示符"窗口，接着输入**ping**指令就可以检测远程具有特定IP地址的主机是否在线且运行正常。如果网络连接没有问题、远程主机运行正常，就会接收到完好的回应数据包，如图3-26所示。

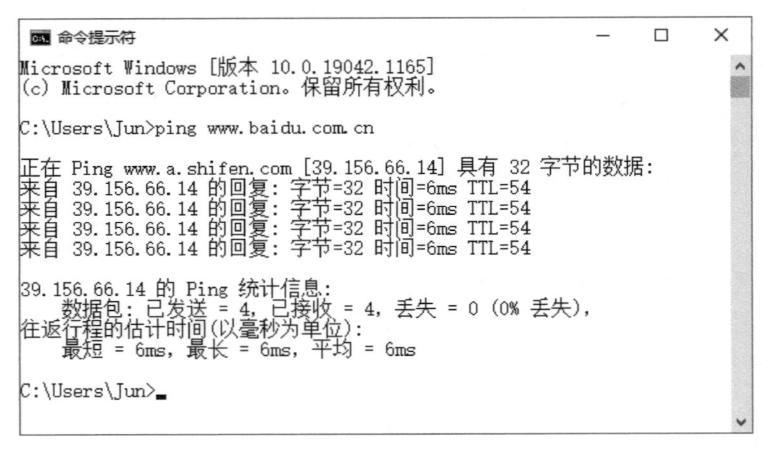

图 3-26　执行 ping 指令后的结果

3.5.2 ipconfig 指令

如果想查看自己计算机的IP信息或更新IP地址，就可以通过**ipconfig**指令来完成。例如，利用**ipconfig**指令检查当前计算机的IP地址、子网掩码、默认网关等设置，如图3-27所示。

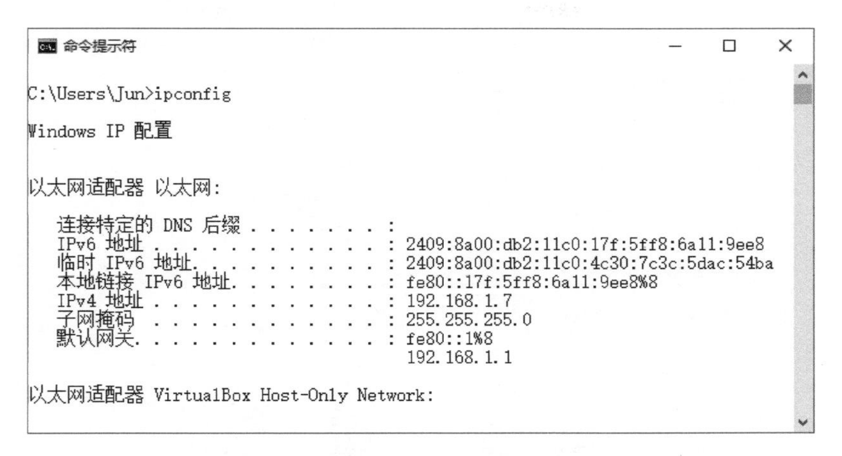

图 3-27　执行 ipconfig 指令后的结果

若需要查看详细的网络设置参数，可以在该指令后加入参数“/all”。输入“ipconfig /all”指令后，执行结果如图3-28所示。

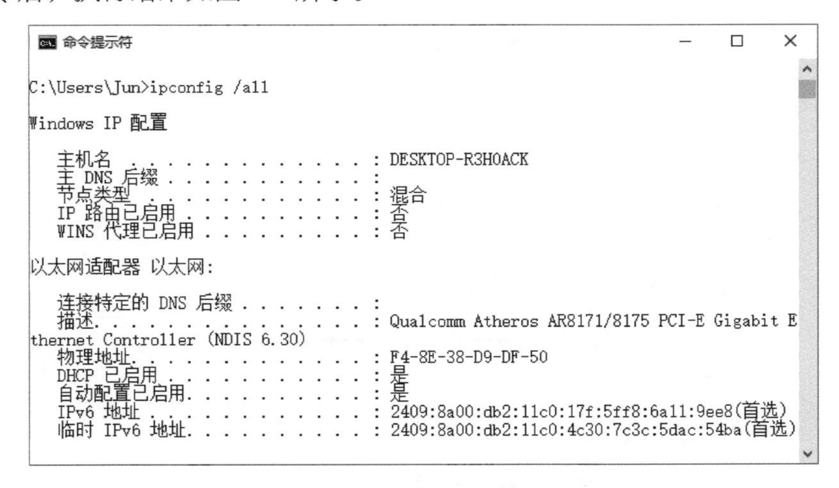

图 3-28　执行 ipconfig /all 指令后的结果

ipconfig /release指令可用来释放IP地址，ipconfig /renew可用来更新本地计算机的IP地址。

3.5.3　netstat 指令

在Windows 10的环境下，如果怀疑网络连接变慢或者网络设备有宕机的可能时，可以使用netstat指令来检测及排除网络连接是否存在异常的情况。如果想要查询路由表信息，就可以在该指令后加上“-r”选项，如图3-29所示。

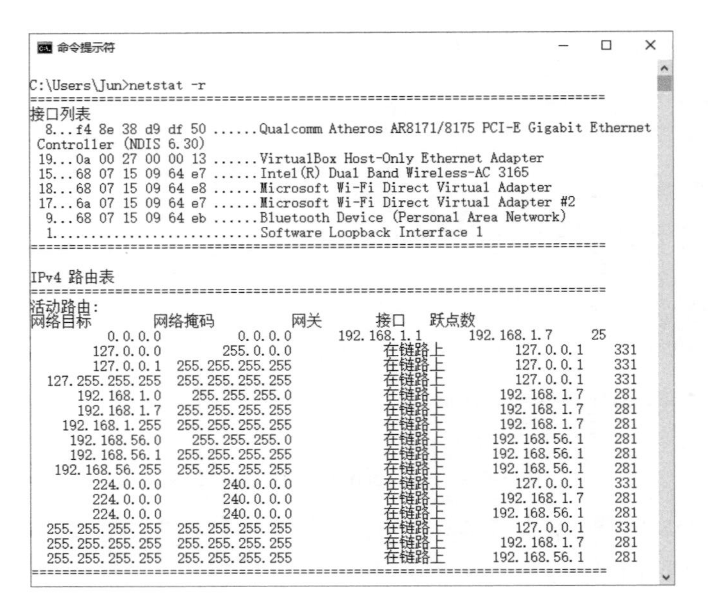

图 3-29 执行 netstat -r 指令后的结果

有关该指令相关参数的说明，可通过“**netstat ?**”指令来查询，如图**3-30**所示。

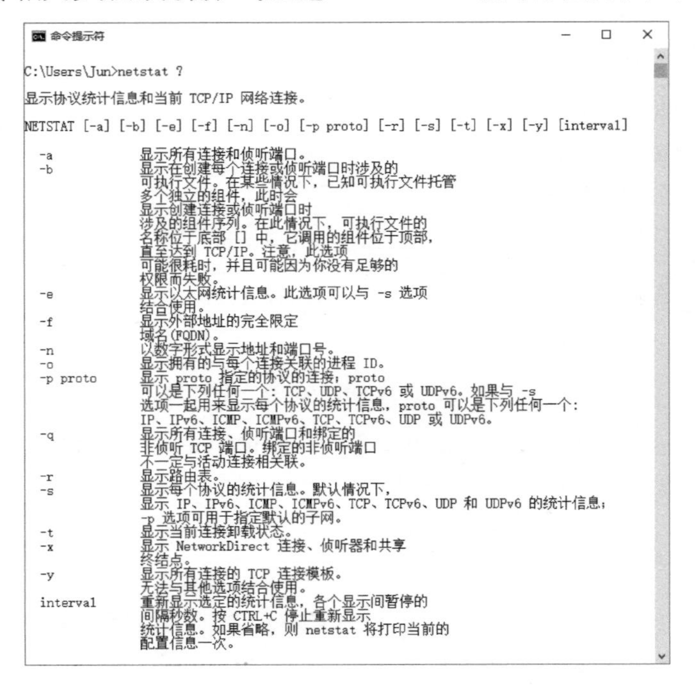

图 3-30 执行 netstat ?指令后的结果

3.5.4　tracert 指令

tracert指令可用来追踪IP数据包传送到目的地所经的路径，通常用来追踪连接到对方所经过的路径。例如，输入tracert www.sina.com.cn指令，会得到如图3-31中所示的追踪路径。

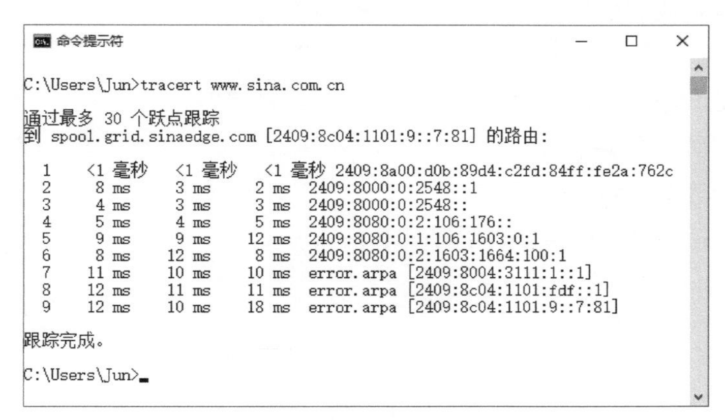
```
C:\Users\Jun>tracert www.sina.com.cn

通过最多 30 个跃点跟踪
到 spool.grid.sinaedge.com [2409:8c04:1101:9::7:81] 的路由:

  1    <1 毫秒   <1 毫秒   <1 毫秒 2409:8a00:d0b:89d4:c2fd:84ff:fe2a:762c
  2     8 ms     3 ms     2 ms  2409:8000:0:2548::1
  3     4 ms     3 ms     3 ms  2409:8000:0:2548::
  4     5 ms     4 ms     5 ms  2409:8080:0:2:106:176::
  5     9 ms     9 ms    12 ms  2409:8080:0:1:106:1603:0:1
  6     8 ms    12 ms     8 ms  2409:8080:0:2:1603:1664:100:1
  7    11 ms    10 ms    10 ms  error.arpa [2409:8004:3111:1::1]
  8    12 ms    11 ms    11 ms  error.arpa [2409:8c04:1101:fdf::1]
  9    12 ms    10 ms    18 ms  error.arpa [2409:8c04:1101:9::7:81]

跟踪完成。

C:\Users\Jun>
```

图 3-31　执行 tracert 指令来追踪路径

【课后习题】

1. 网络层与链路层最大的不同之处是什么？
2. IP地址是什么？
3. 试说明路由表的主要功能。
4. 试说明IP地址的意义。
5. 试介绍IP地址的结构。
6. IP地址中的4字节可以分成哪两部分？
7. 202.145.52.115与140.112.18.32分别属于哪类网络地址？
8. D类与E类网络地址分别有什么用处？
9. 简述A类网络地址。
10. 简述C类网络地址。
11. 什么是回送地址？
12. 某公司申请了一个C类网络地址202.145.52.0，因为部门业务上的需求必须将该网络分割为5个子网，请问该如何分割？每个子网的地址范围是多少？
13. 简述子网掩码的表示法与功能。

14. 如果未进行子网分割，那么B类网络地址的子网掩码应设置为多少？

15. 假设某企业申请了一个B类网络地址，而在它的规划中必须要有200个子网，每个网络中至少有200台计算机，那么子网掩码应该是多少？

16. 简述CIDR。

17. 假如某企业需要2000个IP地址，分配到的是202.145.48.0 ~ 202.145.55.0的8个连续的C类网络地址，那么合并后的子网掩码是多少？

18. 什么是面向无连接的数据传送方式？有何好处？

19. 试说明MTU的意义。

20. 详述IP数据包的组成。

21. IP数据包中重组标识字段的功能是什么？

第 4 章
解析 IPv6 与未来发展

因特网能有今天如此蓬勃的发展是当初始料未及的，面对现在与未来，我们或许可以这样形容："因特网（Internet）不是万能的，但在现代生活中少了因特网是万万不能的！"

时至今日，家用和商用计算机都会使用因特网，再加上越来越多的普通信息家电也要使用因特网。在这种趋势下，为因特网提供的节点地址明显不够。另外，IP协议本身还缺乏加密认证的机制，使得未来网络的发展受到限制。

目前所使用的IP协议是第4版，已经是一个很成熟的技术，发表于20世纪80年代初。IPv4采用32位（bit）来表示所有的IP地址，因而最多只能有42亿个IP地址，其中有些地址还保留用作他途，或是因不适当的分配而浪费掉了，所以原有的IPv4面临着IP地址不足的困境。

根本的解决之道就是发展全新的IP地址架构，以容纳未来对IP地址更大的需求。为了要克服这些问题，IP通信协议第6版（IPv6，又称IPng，IP Next Generation）由因特网工程任务组（Internet Engineering Task Force，IETF）提出来。

≫4.1 IPv6 简介

IPv6（Internet Protocol version 6，因特网协议第6版，或称为互联网协议第6版）是IP协议的最新版本，是为了应对IPv4地址耗尽的问题而诞生的。IPv6使用128位来表示IP地址，也就是有2^{128}个IP地址，相当于目前IPv4地址的2^{96}倍，这是个近乎无法想象的天文数字。

从IPv4迁移到IPv6并非一蹴而就的，必须建立许多相关的迁移机制与软件设施，因此世界各国或地区多半已投入研究相关的迁移机制。国际上推动IPv6最积极的有韩国、日本及欧洲国家等，其中日本早在2001年就已经有三家ISP提供了IPv6的商业应用。

4.1.1 IPv6 的优点

进入21世纪后，随着计算机和智能手机的迅速普及，因特网开始了新一轮的爆发性发展，越来越多的上网设备出现，越来越多的人开始连接到因特网。这就意味着需要越来越多的IP地址。中国已经成为移动智能设备用户最多的国家，日益枯竭的IPv4地址资源严重阻碍了因特网的蓬勃发展，唯有迁移到IPv6才能从根本上解决问题。

2017年11月，中共中央办公厅、国务院办公厅联合印发了《推进互联网协议第六版（IPv6）规模部署的行动计划》。该行动计划主要目标是用5到10年时间，形成下一代互联网自主技术体系和产业生态，建成全球最大规模的IPv6商业应用网络，实现下一代互联网在经济社会各领域深度融合应用，成为全球下一代互联网发展的重要主导力量。

大力发展基于IPv6的下一代因特网有助于提升中国网络信息技术自主创新能力和产业高端发展水平，从而高效支撑移动互联网、物联网、工业互联网、云计算、大数据、人工智能等新兴领域的快速高质量发展。中国IPv6发展状况可以参考图4-1所示的网站（https://www.china-ipv6.cn/#/activeconnect/simpleInfo）上提供的消息。

图 4-1　中国 IPv6 发展监测网

提　示
5G（Fifth-Generation）指的是移动电话系统第5代，由于大众对移动数据的需求年年倍增，因此会需要第5代移动网络技术。5G可实现10Gbps以上的传输速率，可在短短6秒内下载完15GB的高画质电影。简而言之，在 5G 时代，数字化通信能力大幅提升，并具有“高速度”“低延迟”“多连接”的三大特性。

如果要以更形象的比喻来说明IPv6所能提供的地址数量，就相当于地球上每平方米有1400多个IP地址，因为IPv6的总地址空间高达2^{128}（从IPv4的32位扩充为128位），

预计地球上的每个人平均可分到100万个IP地址，彻底解决了IP地址不足的问题。未来的计算机、智能手机、平板电脑以及所有的可穿戴设备都将拥有一个IP地址，可以更加方便地通过IP地址获取最新的信息或进行远程遥控等。IPv6还具备有以下优点。

（1）提升路由效率

IPv6数据包报头经过改良后，大小固定且字段数量相对减少，因此路由器可省去数据包检查与分割的操作，相对提升了路由的效率，使得交换的路由信息变得非常精简。

（2）移动 IP 与自动配置（Auto Configuration）

早期计算机都是以局域网为管理单位的，一旦计算机移动到其他局域网，代表IP地址及其相关的网络参数就必须重新设置，而这些设置必须由网络管理人员来完成，表面上是增加了安全性，但是同时也失去了便利性。IPv6通信协议支持自动配置（Auto-configuration），IPv6主机接上网络后可自动获取地址。借助IPv6的设计，网络上的计算机或网络设备可以非常方便地自动取得IP地址，这种即插即用（Plug and Play）的特色可以减轻网络管理员与用户设置和管理IP地址的负担。另外，IPv6在设计上加入了支持移动IP（Mobile IP）的机制，通过邻居发现（Neighbor Discovery）与自动配置来简化用户IP地址的设置，解决以往跨网段漫游所发生的连接性能问题。

（3）更好的安全性与保密性

IPv4在设计之初认为安全性应由应用层负责（IP协议在网络层），因而未考虑安全性问题，数据在网络上传送时并未采取安全机制，结果企业或机构网络遭到攻击、机密数据被窃取等网络安全事件层出不穷。如今的计算机机房都配备了大量高规格的网络安全设备，以监控并防堵信息安全漏洞等问题。由于安全性成为任何一种网络技术都必须面对的问题，因此IPv6整合了IPSec安全通信协议（IP Security），支持上层协议中的认证报头（Authentication Header，AH）和加密安全有效载荷（Encrypted Security Payload，ESP）报头的认证或加密来实现IP级的数据安全性，未来用户不需要通过配备额外的设备或软件就可以实现网络安全。

（4）解决 IP 地址不足与扩充性的问题

IPv6最多可提供3.4E+38个IP地址，能够根本解决目前IP地址不足的问题，并且可以使IP地址延伸到移动通信系统和智能家电领域。IPv6的设计允许未来新功能的扩充，例如在报头上增加了流量等级（Traffic Class）与流量标签（Flow Label）等字段，同时还提供了更好的网络层服务质量（Quality of Service，QoS）机制。

（5）减少广播流量

IPv4必须通过网络适配器的MAC地址解析协议（Address Resolution Protocol，ARP）进行广播，增加了网络流量且没有效率；IPv6则使用邻居发现（Neighbor Discovery），可以通过ICMPv6（ICMP第6版）来发送更高效率的多播与单播消息。

IPv6的出现不仅从根本上解决了IPv4地址数量不足的问题，还加入了许多IPv4不易实现的技术，这两者的差异如表4-1所示。

表4-1　IPv4与IPv6的差异

特　　性	IPv4	IPv6
发表时间	1981年	1999年
地址数量	$2^{32}=4.3 \times 10^{9}$	$2^{128}=3.4 \times 10^{38}$
漫游能力	不易支持跨网段；需手动配置或需设置系统来协助完成	具备跨网段的设置；支持自动配置，地址自动配置并可即插即用
网络服务质量	QoS支持度低	报头设计支持QoS机制
网络安全	安全性需另外设置	内置加密机制

4.1.2　IPv6地址表示法

IPv6将128位拆成8段16位，每段以十六进制的数字（0～F）来表示，每段以冒号（:）分隔，如图4-2所示。IPv6的表示方法整理如下：

- 以128位（bit）来表示每个IP地址。
- 每16位为一组，共分为8组数字。
- 书写时每组数字以十六进制数来表示。
- 书写时各组数字之间以冒号（:）分隔开。

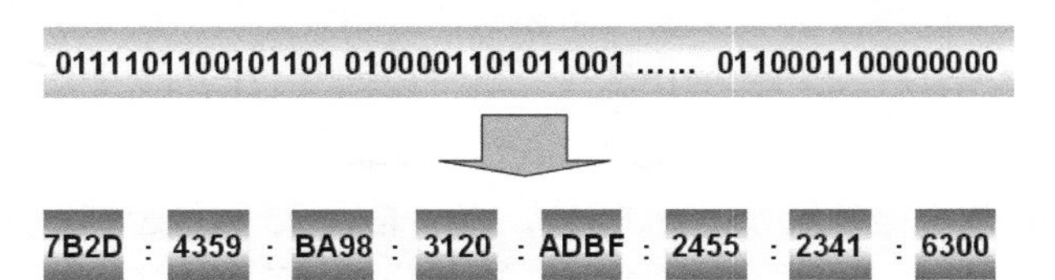

图4-2　IPv6的IP地址表示法

下面再给出几个IPv6的地址表示示例：

```
2001: 5E0D: 309A: FFC6: 24A0: 0000: 0ACD: 729D
3FFE: 0501: FFFF: 0100: 0205: 5DFF: FE12: 36FB
21DA: 00D3: 0000: 2F3B: 02AA: 00FF: FE28: 9C5A
```

比IPv4表示法（192.168.XXX.XXX）复杂得多，为方便而制订的简写规则如下：

- 每段若全为0，则可简写为0，比如0000可简化为0。
- 每段若开头为0，则可省略，比如000D可简化为D。
- 若连续好几段都为0000，则省略为双冒号（::），但此简写方式只能出现一次。

例如：

```
AFDC:0000:0001:008C:0000:0000:0000:053D
```

可简化为：

```
AFDC:0:0001:008C::0000:053D
```

在IPv6地址128位的前面N位称为类型前缀（Type Prefix），用来定义IPv6地址的类型，至于类型前缀占用多少位则视IPv6地址的类型而定。我们可以在IPv6地址后面以斜线方式加上类型前缀长度的位数，也可以和之前所介绍的IPv6缩写方式一样使用。例如，下面的IPv6地址的类型前缀长度为5位：

```
CD12:BA88::1212/5
```

这种IPv6地址表示格式被称为前缀表示法：IPv6地址/前缀长度，即在IPv6地址后面以斜线方式加上类型前缀长度的位数。

≫4.2 IPv6 地址的分类

IPv4的IP地址采取A类、B类、C类来区分IP地址，结果浪费了相当多的IP地址，不得不采取“借”位的方式来改善IP地址不足的问题。IPv6改进了这个问题，在RFC 2373中定义了IP寻址的方法。IPv6中定义了3种地址：单播（Unicast）、组播（Multicast）以及任播（Anycast）。需要特别注意的是，基于信息安全问题的考虑，IPv6不再使用IPv4的广播方式来通信，而是使用组播或者任播的方式取代广播方式，这4种传播方式的示意图如图4-3所示。

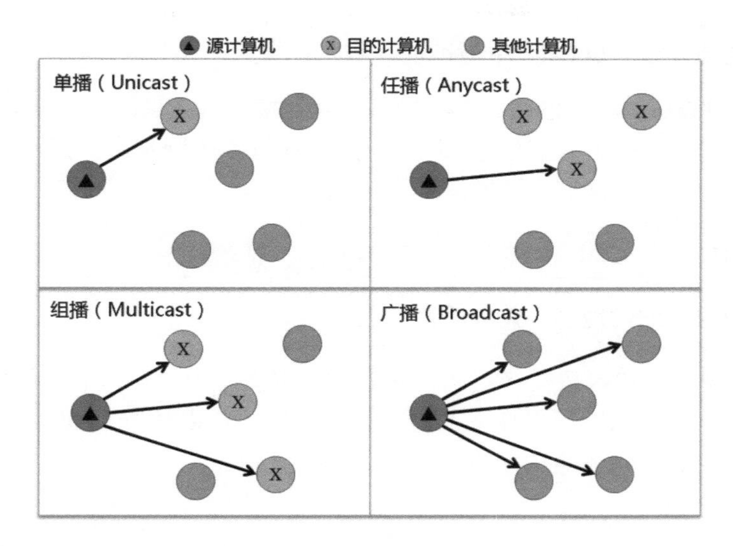

图 4-3　IPv6 的 4 种传播方式示意图

4.2.1　单播地址

单播地址标示一个网络接口，单个地址只定义一台主机的地址。IPv6的单播传送模式和IPv4的单播传送模式相比，可再分为以下类型。

1. 全局（Global）单播地址

全局单播地址由IANA统一分配，是用来连上因特网的地址，最前面的3位保持不变（固定是001），子网地址（Subnet ID）为16位，接口地址（Interface ID）为64位。全局单播地址如同IPv4的主机地址（Host Address），在整个因特网中具有唯一性，地址以2或3开头，其他节点不会有相同的地址。

001（前缀）		子网地址（16 位）	接口地址（64 位）

2. 链路局域（Link-Local）单播地址

链路局域单播地址用于一个不对外连接的局域网，格式前置码为10位的1111111010，所以是以FE80开头的，中间的54位全部为0，剩下的64位用作接口地址，相当于IPv4的主机地址。链路局域地址仅在一个特定的网络区段（同一个子网）中使用，不可被绕送到其他链路或因特网上，功能如同IPv4的APIPA地址（169.254.X.X），可用FE80::/10泛指这部分地址。

1111111010	0（54 位）	接口地址（64 位）

3. 站点局域（Site-Local）单播地址

相当于IPv4协议的私有网络，数个网络相互连接，但不与因特网连接，格式为：前10位为1111111011，接下来38位全部为0，接着16位为子网地址，最后64位为接口地址，可用FEC0::/10泛指这部分地址。

1111111011	0（38 位）	子网地址（16 位）	接口地址（64 位）

4. 内含IPv4的IPv6地址（兼容IPv4）

为了顾及现有的IPv4架构，新的IPv6地址中定义了内含IPv4地址的IP地址，没有前置码与接口地址，尾端用来填入32位的IPv4地址，前面的其他96位全部为0，例如192.168.0.219，在IPv6地址中的转换方式如下所示：

```
192  168   0   219                              十进制数表示法
11000000 10101000 00000000 11011011             二进制数表示法
C0A8   00DB
```

转换为

```
0000:0000:0000:0000:0000:0000:C0A8:00DB         IPv6十六进制数表示法
0::C0A8:00DB                                    IPv6缩写表示法
```

当两台使用IPv6的计算机要进行数据传送但是中间可能要经过数个使用IPv4的网络时就会采取以上的地址转换方式。

5. 保留地址

在IPv6中定义了两个保留的地址：第一个是0:0:0:0:0:0:0:0，是一个未指定的地址（Unspecified Address），表示不能指定给任何主机作为源地址来使用，也不能作为目的地址来使用；另一个是0:0:0:0:0:0:0:1，是一个回送（Loopback）地址，相当于IPv4中的127.0.0.1。

4.2.2 组播地址

一个组播地址可定义一组主机，这些主机既可以是同一个网络的也可以是不同网络的。组播会标示出一组接收地址，即指定接收组播数据包的地址。组播地址的前8位是前缀，为11111111，最后112位是组地址（Group ID），通常是以FF开头的地址。

11111111	标志（4 位）	作用范围地址（4 位）	组地址（112 位）

4.2.3 任播地址

任播地址是IPv6新增的数据传送方式，可以说是IPv4的单播与组播的综合。任播只能作为目的地址使用，且只能用于路由器，一个任播可定义一组主机，其地址具有相同的格式前置码，一个任播的数据包可以在任意两台主机之间进行传送，并会根据路由表的判断传送给距离最近或传送开销最低的接收地址。这种方式的前置码长度不固定，但是前置码以外都是0，可以指派给多个网络接口（网口或网卡），不过每个网络接口传送任播数据包时只传给距离最近的一个网络节点。注意，任播地址的前缀地址长度不固定，且前缀之外的位都为0。

前缀（N位）	0（128–N位）

≫4.3 IPv6数据包结构

沿袭了IPv4数据包，IPv6数据包也是由报头（Header）和承载数据（Payload，或称为有效负荷载荷）所组成的：数据包报头记录版本、地址、优先级、路由和数据长度信息，长度固定为40字节；承载数据负责载送上层协议（TCP或UDP）的数据包，长度最长可达65535字节。

IPv6在报头上有了特别的设计，以往IPv4报头包括所有选项，因此在传送过程中路由器必须不断地检查报头中的所有选项是否存在，若存在则进行处理。这样重复检查就降低了IPv4数据包传送的性能。在IPv6报头（见图4-4）的设计中，传输和转发等选项都定义在扩展报头（Extension Header）中，因而提升了数据包传送的报头处理速度。

图4-4 IPv6的数据包结构

在数据包传送的过程中，报头决定了路由所需的相关设置。相较于IPv4报头，IPv6报头取消了IPv4中的Header Length（报头长度）、Type of Service（服务类型）、Identification（重组标识）、Flag（标志）、Fragment Offset（段偏移量）、Header Checksum（报头校验和）这几个字段。IPv6的报头结构如图4-5所示。

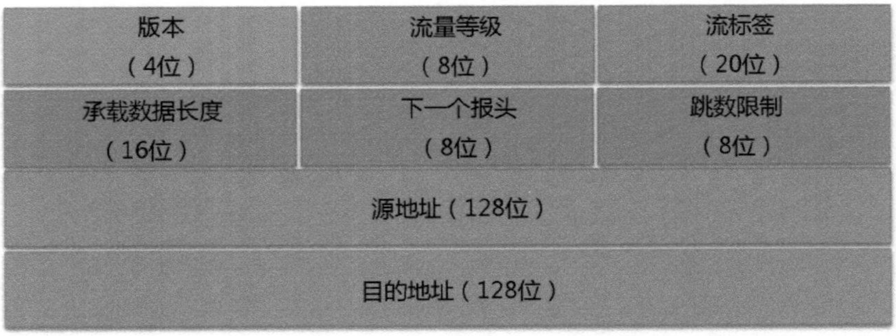

版本（4位）	流量等级（8位）	流标签（20位）
承载数据长度（16位）	下一个报头（8位）	跳数限制（8位）
源地址（128位）		
目的地址（128位）		

图 4-5 IPv6 报头结构

1. 版本（Version）

长度为4位，用于定义IP协议版本，对IPv6而言此字段的值为6。

2. 流量等级（Traffic Class）

数据流优先级，长度为8位，表示数据包的等级或优先级，如同IPv4的ToS（服务类型）的功能。

3. 流标签（Flow Label）

长度为20位，用来标记数据包是否属于同一个数据流，以便让路由器“知道”该以什么方式传递数据包。

4. 承载数据长度（Payload Length）

长度为16位，字段值为无符号整数，记录承载数据的字节数（不含主报头所占的40字节）。

5. 下一个报头（Next Header）

上层协议类型的声明，长度为8位，用于定义IP数据包接下来的报头，可能是上一层通信协议报头或扩展报头，常见的是TCP（代码6）或UDP（代码17）。此字段使用的代码与IPV4报头中协议（Protocol）字段使用的代码相同。

6. 跳数限制（Hop Limit）

长度为8位，用于设置数据包存活时间（所经过的路由器），相当于IPv4中的TTL字段，以避免数据包永远存活。数据包每经过一台路由器，该数值就减1，一旦减到0，路由器就不再传送该数据包。

7. 源地址（Source Address）

长度为128位，用于记录数据包源地址。

8. 目的地址（Destination Address）

长度为128位，用于记录数据包目的地址。需要注意的是，只有数据包类型为单播（Unicast）时才能作为源地址，组播（Multicast）与任播（Anycast）则不适用。

对比IPv6与IPv4，可知有3个字段重新命名，但含义是相同的：

- 总长度（Total Length）：用承载数据长度（Payload Length）取代。
- 协议（Protocol）：重新命名为下一个报头（Next Header）。
- 存活时间（Time to Live）：用跳数限制（Hop Limit）取代。

此外，IPv6增加了两个字段，以支持数据流量控制：

- 流量等级（Traffic Class）。
- 流标签（Flow Label）。

4.4　自动配置功能

IPv6的自动配置（Auto Configuration）机制可以简化主机IP地址的设置，包括全状态（Stateful）自动配置和无状态（Stateless）地址自动配置两种。

4.4.1　全状态自动配置

IPv6延续了IPv4，利用DHCP技术来实现计算机的IP地址与相关配置的全状态自动配置（Stateful Auto Configuration），也就是由DHCP服务器进行地址核发。DHCPv6服务器会自动把128位的IP地址及相关配置分派给每一台计算机和网络设备，此种自动化配置服务称为全状态自动配置。

4.4.2　无状态地址自动配置

无状态地址自动配置（Stateless Address Auto Configuration，SLAAC）是IPv6通信协议才有的功能，该机制不需要使用DHCP服务器，只要把设备接上网络，网段的路由器就会自动配发IP地址给这台设备，后者就可立即上网。无状态地址自动配置机制获取IPv6地址的流程，如图4-6所示。

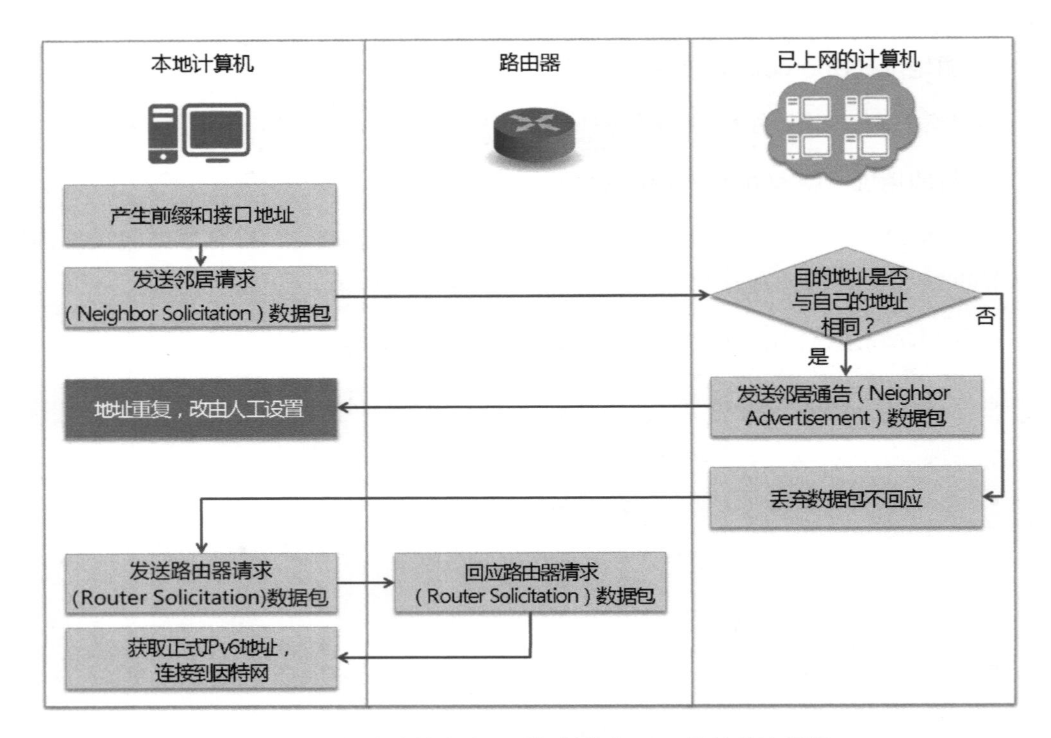

图 4-6　无状态地址自动配置机制获取 IPv6 地址的流程图

1. 产生前缀和接口地址

本地计算机会先产生前缀与接口地址作为IPv6地址，前缀是以FE80开头的本地链路IPv6地址（自动配置过程中暂时使用的前缀）。到了后续步骤，计算机会从路由器获得正式前缀并取代FE80。另外，接口地址EUI-64（Extended Unique Identifier，扩展的唯一标识符）是IEEE制订的新MAC地址格式，在自动配置的过程中会根据48位的MAC地址产生EUI-64地址（往主机采用的48位MAC地址中间加入0xFFFE成为64位），再将EUI-64地址转换为IPv6的接口地址。完成后，代表本地计算机已拥有暂时的IPv6地址。

2. 确认网络上是否有重复的地址

本地计算机随即发送邻居请求（Neighbor Solicitation）数据包，通过路由器给已经上网的计算机，在IPv6环境下收到邻居请求数据包的计算机根据该数据包的目的地址可知自己是否为被邀请的对象。若是，则回应邻居通告（Neighbor Advertisement）数据包给对方；若不是被邀请的对象，则丢弃该数据包。这种检测IPv6地址是否被重复使用的操作称为DAD（Duplicate Address Detection，重复地址检测）。

3. 请求正式地址

本地计算机发送路由器请求（Router Solicitation）数据包给同网段的路由器，路由器收到后回应路由器通告（Router Advertisement）数据包。路由器通告数据包里包含前缀和默认网关（Default Gateway）信息，其中前缀用来取代原来的暂时前缀FE80，产生了正式的IPv6地址，用来连接到因特网。

4.5　IPv4 转换为 IPv6

虽然IPv6拥有多项优势，但是IPv4要迁移到IPv6网络环境时还是会因彼此间数据包设计的差异性而需导入移转机制，以实现互通操作。目前主流的转换技术有双栈（Dual Stack）、隧道（Tunneling）、转换（Translation）等，以确保迁移过程能持续提供IPv4与IPv6间的网络互通服务，降低迁移期间对网络环境运行的冲击。IPv4和IPv6的迁移并非一蹴而就，就如同之前计算机从32位迁移到64位的阵痛期一样，可能会因为某些因素无法一下子完全淘汰或更换掉IPv4设备，必须和IPv6之间相互转换，以达到IPv4和IPv6的兼容。

4.5.1　双栈

双栈方式在同一个网络内同时具备IPv4和IPv6通信协议，让原来使用IPv4地址的计算机直接使用IPv6地址，如图4-7所示。只要计算机或是网络上的路由器同时支持IPv4和IPv6即可，每台设备会同时拥有IPv4和IPv6地址，两种网络同时并存却又不相互干扰。但是路由器必须同时处理IPv4和IPv6数据包，性能会有所下降。

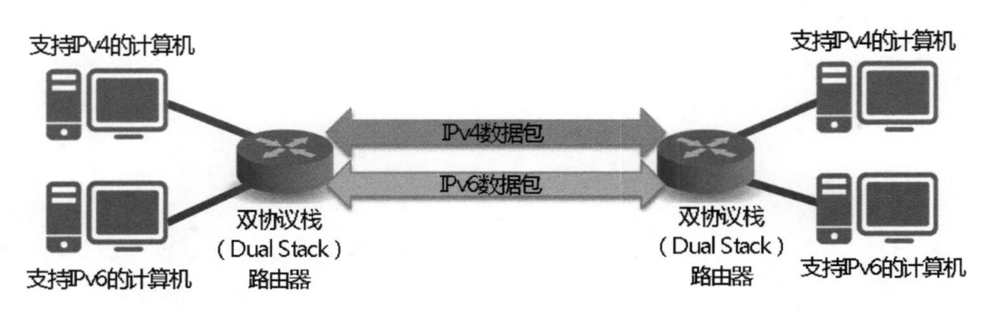

图 4-7　双栈方式

4.5.2　隧道

隧道方式（见图4-8）此做法是把IPv6的数据包再加上一层IPv4的报头，也就是可以将IPv6的数据包装在IPv4的报头内，使这些数据包能够经由IPv4的路由架构传送，让两端的计算机能以IPv6协议互通。此法适用于两端支持IPv6、中间网络节点只支持IPv4的情况。在纯IPv4环境下的用户需通过此法与某个提供此服务的服务器建立IPv6网络隧道，之后便可连上IPv6网络。我们可以在IPv4报头的网络协议部分写入41这个数值，只要路由器看到网络协议字段为41，就知道这个IPv4数据包里装着IPv6的数据包，这样就能把IPv4报头拆掉，就好像通过隧道的方式，不过因为需要进行封装和解封装的步骤，所以会对网络设备增加额外的运算负担。

图 4-8　隧道方式

4.5.3　转换

由于IPv6的数据包格式与IPv4的数据包不同，因此为了使IPv6可以继续使用IPv4网络的各种服务，IPv4与IPv6的数据包必须互相转换。这种做法称为NAT-PT（Network Address Translator - Protocol Translator），即附带协议转换器的网络地址转换器，如图4-9所示。与IPv4的网络地址转换（NAT）机制类似，将公有IP地址和私有IP地址进行转换，以便内部网络和外部网络（因特网）的计算机能够互通有无。不同的是，NAT-PT是将IPv4和IPv6的报头相互转换，不过在NAT-PT的转换时须明确告知设备是从IPv4转换到IPv6亦或是从IPv6转换到IPv4。前述的双栈方式与隧道方式都只能使IPv6数据包正确传送，采用IPv4和IPv6这两种协议的计算机还是无法直接互相通信，只有经过NAT-PT转换后使用IPv4的计算机才能够和使用IPv6的计算机互相通信。

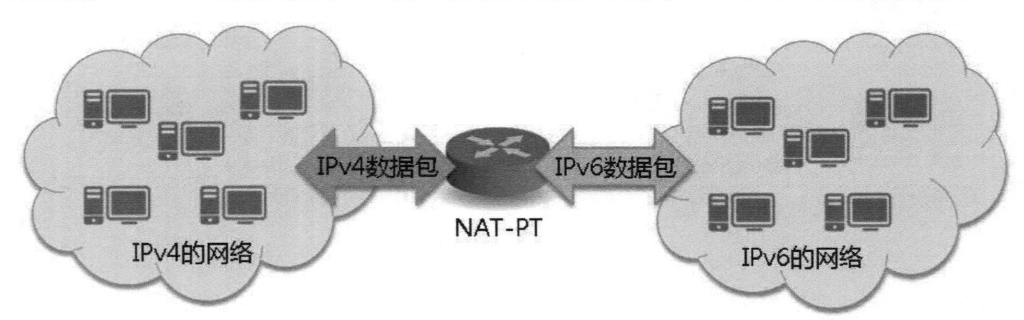

图 4-9　NAT-PT 转换方式

【课后习题】

1. 为什么IPv6有更好的安全性与保密性？
2. IPv6具备哪些优点？
3. 简述IPv6的地址表示法，并举例说明。
4. IPv6中定义了哪三种地址？
5. 什么是全局单播地址？
6. 在IPv6中定义了哪两个保留的地址？
7. 什么是组播地址？
8. IPv6在报头设计上有何特别之处？试简述之。
9. IPv6的自动配置有哪两种？
10. 无状态地址自动配置的好处是什么？
11. 试简述双栈技术的原理。

第 5 章 细说 ARP 与 ICMP 协议

IP协议是网络层最重要的协议，数据包在网络传送的过程中可能会发生一些问题，例如网络拥塞、路由器找不到合适的传送路径、IP数据包无法顺利发出等。要维持IP通信协议在网络传送时的顺畅，就必须依赖ARP、ICMP等辅助协议。

每个主机都必须有一个IP地址，而且每个网络位置必须有一个专属于它的MAC地址。如果是网卡的话，就是刻录在网卡上的ROM或EEPROM的网卡卡号。MAC地址是不会相同的，因为生产厂商必须向IEEE进行申请，以确保MAC地址的全球唯一性（Global Uniqueness）。

提　示

MAC地址是网卡所使用的6字节（共48位）的硬件地址，其中包括了制造商编号与网卡的编号。每块网卡都具有自己独一无二的MAC地址，前三组数字为制造商编号（Manufacture ID），即厂商ID；后三组数字为网卡编号（Card ID）。通过这两组编号，我们就可以在物理上区分每一张网卡。

5.1　认识 ARP

ARP（Address Resolution Protocol，地址解析协议）。在RFC 826文档中有详细的规定，主要功能是将IP地址转换成MAC地址。ARP运行在局域网中，用来取得计算机设备的MAC（Media Access Control，介质访问控制）地址。ARP通信协议是属于网络层运行的协议，所以它并不局限于使用在以太网上，例如令牌环或ATM网络等都可以使用。

以以太网为例，同一个局域网中的一台主机要和另一台主机直接进行通信，就必须知道目标主机的MAC地址。ARP是采取广播（Broadcast）方式来发送数据包的，一旦送出数据包，在局域网上的所有计算机和网络设备都会得知，不过只有指定地址的计算机或网络设备会进行回应。当一个数据包从因特网上的服务器传送到某一台指定的计算机时，服务器是以IP地址来认定目标计算机的。以OSI模型来看数据包传送的顺序，IP地址定义在第三层网络层，MAC地址定义在第二层数据链路层。数据包要正确传送，就需要通过ARP的桥接操作；ARP负责以目标计算机的IP地址查询到对应的MAC地址，使双方得以用MAC地址直接进行通信。ARP主要是应用在IPv4上的，是网络层必不可少的协议。到了IPv6后则不再使用ARP，因为其中的邻居发现（Neighbor Discovery）消息继承了ARP解析地址的功能。

提　示

ARP负责以IP地址查询MAC地址，RARP以MAC地址查询IP地址。RARP客户端本身并没有IP地址，它在开机后会以广播方式发出RARP请求，虽然所有的计算机都收到了这个数据包，但是只有RARP服务器会响应这个消息，并分配一个IP地址。一般很少会用到RARP协议。

5.1.1 ARP 的工作原理

ARP只能解析同一个网络内的MAC地址，若两台计算机位于不同的局域网内，则中间必须通过路由器(或交换机)的转发才可完成。ARP的工作原理相当简单，主要是由ARP请求（ARP Request）与ARP应答（ARP Replay）两个数据包组成的操作。假设目前局域网中有C1和C2两台计算机，并将执行数据传输，如图5-1所示。

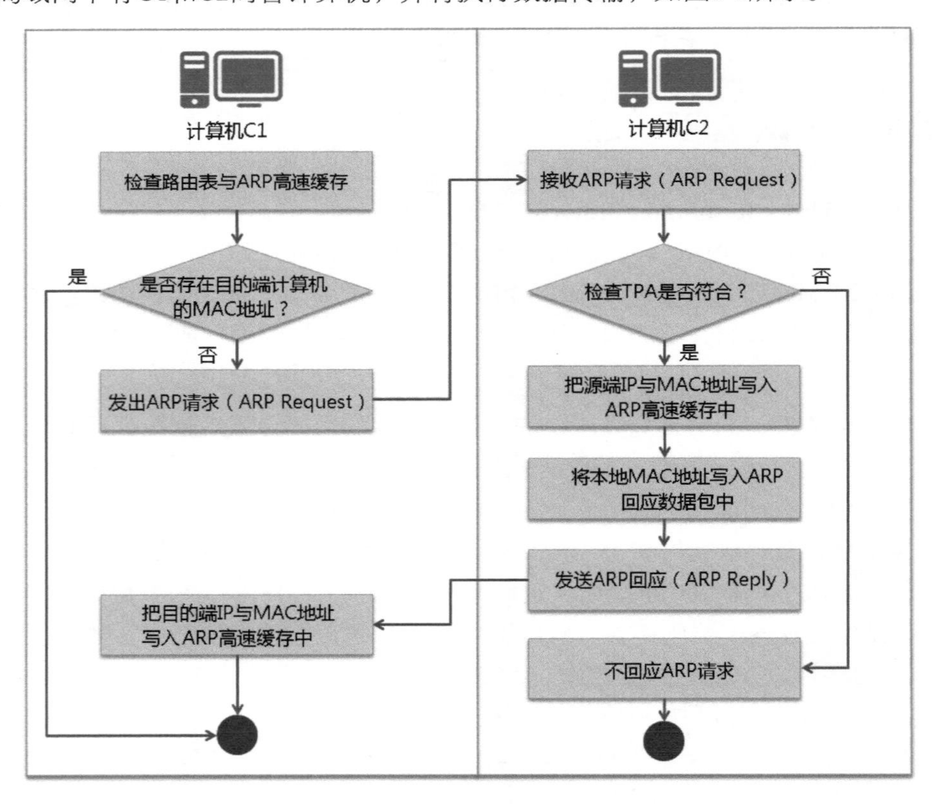

图 5-1　工作流程图

它们的IP地址与MAC地址如表5-1所示。

表5-1　两台计算机的IP地址与MAC地址

角　　色	IP地址	MAC地址
计算机C1	192.168.2.13	00:C4:E2:47:7F:5E
计算机C2	192.168.2.21	00:AB:6E:C2:D0:07

（1）计算机C1要传送数据给计算机C2时并不知道计算机C2的物理地址，于是以广播方式发出ARP请求，如图5-2所示。注意，在发送请求之前，计算机C1要先检查计算机C2的IP地址与MAC地址是否记录在本地的ARP高速缓存中，若存在，则立即使用缓存中对应的表。

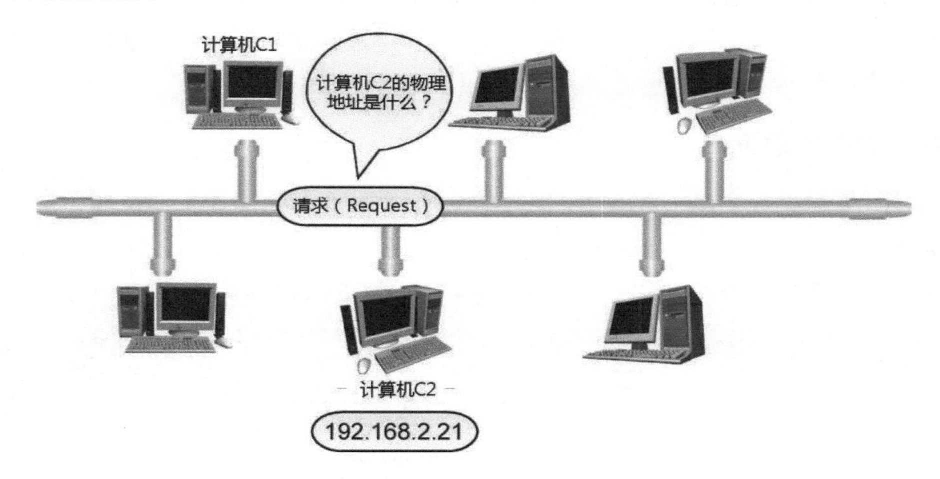

图5-2　计算机C1获取计算机C2的IP地址与MAC地址

提　　示

ARP高速缓存（ARP Cache）的设计是为了节省网络传输的带宽，ARP完成每次查询后都会将IP地址与MAC地址的记录存放在各缓存中。静态记录经由网络管理人员以手动方式添加或更新，并会维持在ARP缓存中，不会因为时间逾期而被删除，而会一直保留直到计算机重新启动。动态ARP缓存有时效性，记录超过就会被删除。以微软公司的Windows操作系统为例，ARP缓存保留时间为10分钟，若超时则ARP作业流程必须重新执行。

（2）若ARP缓存查询不到计算机C2，则以广播方式发出ARP请求，此时同一个网域的所有计算机都会收到ARP请求，随即每台计算机检查目标通信协议地址（Target Protocol Address，TPA）信息是否与本身的IP地址相符，若不相符，则不处理收到的ARP请求。

（3）若ARP请求中的TPA等于自身的IP地址，就判定自己为目的端。此时计算机会先记录源端的IP地址与MAC地址，然后拆解ARP请求数据包的内容，加上自身的MAC地址，封装成ARP应答数据包，并发送回源端IP地址。

（4）计算机C1接收到ARP应答后，随即把目的端IP地址与MAC地址记录到ARP缓存中，此时ARP操作完成，双方开始传送数据内容。

在此要特别补充一点，当传送主机和目的主机不在同一个局域网时，即使知道目的主机的MAC地址，两台主机也不能直接通信，传送主机必须通过路由器向外转发。也就是说，传送主机通过ARP获取的MAC地址并不是目的主机的真实MAC地址，而是一台可以通往局域网外的路由器的MAC地址，这种情况下这台路由器就被称为ARP代理（ARP Proxy）。

5.1.2 ARP 的数据包

ARP协议利用TCP/IP协议中的广播方式来传送数据包，因此ARP数据包前面会带有TCP/IP报头，按序依次为目的地址、源地址、协议类型，然后是ARP数据包内容，接在ARP数据报尾端有10字节的保留空间以及4字节的CRC校验码，如图5-3所示。

目的地址（6字节）	源地址（6字节）	协议类型（2字节）	ARP数据包（28字节）	填充（10字节）	CRC（4字节）

图 5-3 ARP 数据包的组成

ARP发出物理地址查询需求的操作被称为ARP请求，回应物理地址的操作被称为ARP应答。这两种操作的数据包中字段的格式是相同的，主要记录IP地址与MAC地址的相关信息，如图5-4所示。

硬件类型（2字节）		协议类型（2字节）
硬件地址长度（1字节）	协议地址长度（1字节）	操作代码（2字节）
源硬件地址（6字节）		
源协议地址（4字节）		
目标硬件地址（6字节）		
目标协议地址（4字节）		

图 5-4 ARP 请求和 ARP 应答数据中的各个字段及其格式

- 硬件类型（Hardware Type）：本次硬件传输的类型（如以太网或令牌环网络等），长度为2字节。若为以太网，则此字段填入的值为1；若为令牌环，则填入6；若为ATM，则填入16；其他代码值请参考RFC 1700文档中有关ARP的部分。
- 协议类型（Protocol Type）：本次通信采用的协议类型，长度为2字节。例如，0x0800（十进制数为2048）表示IP协议，0x8137（33079）表示IPX。
- 硬件地址长度（Hardware Address Length）：该类型的硬件地址长度，长度为1字节。例如，以太网所使用的MAC地址占6字节，此字段设为6。
- 协议地址长度（Protocol Address Length）：长度为1字节，用于指定网络层所使用的协议地址长度，单位为字节。在IP协议中，此字段值设为4。
- 操作代码（Operation Code）：ARP数据包使用的类型，长度为2字节。共有4种类型，如表5-2所示。

表 5-2　操作代码说明

操作代码	功　能
1	ARP 请求（ARP Request）
2	ARP 应答（ARP Reply）
3	RARP 请求（RARP Request）
4	RARP 应答（RARP Reply）

- 源硬件地址（Source Hardware Address）：长度不固定，具体取决于硬件地址长度字段。在ARP请求数据包中，源硬件地址为本地计算机的MAC地址；在ARP应答数据包中，源硬件地址则为远程计算机或远程路由器的地址；在以太网中，源硬件地址为6字节的MAC地址。
- 源协议地址（Source Protocol Address）：记录发送端所使用的逻辑协议地址；长度不固定。与协议类型（Protocol Type）的长度有关，若是IP协议，则此字段为4字节的IP地址。
- 目标硬件地址（Target Hardware Address）：记录接收端的硬件地址；长度不固定，取决于硬件地址长度（Hardware Address Length）字段，若是以太网，则为6字节的MAC地址。
- 目标协议地址（Target Protocol Address）：记录接收端所使用的协议地址；长度不固定，与协议类型（Protocol Type）的长度有关，若是IP协议，则此字段是4字节的IP地址。在ARP请求数据包中，此字段的值是接收方计算机的IP地址；在ARP应答数据包中，此字段的值是当初发送ARP请求的计算机的IP地址。

本小节对局域网中的各种数据包格式做了一个介绍，并说明了ARP协议的运行原理。至于ARP数据包中使用到的硬件类型、协议类型、操作代码等选项，可参考RFC826、RFC5342以及RFC5494文档，也可访问网站Internet Assigned Numbers Authority（IANA）网站，网址为http://www.iana.org。

5.1.3 ARP 工具程序

大部分操作系统都会提供ARP工具程序，以微软的Windows为例，它的ARP工具程序为ARP.EXE。该程序可以让用户查看与增删ARP缓存的内容。要查看ARP缓存的内容，可以在“命令提示符”窗口输入“arp －a”指令，执行结果如图5-5所示。

```
命令提示符

C:\Users\Jun>arp -a

接口: 192.168.1.7 --- 0x8
  Internet 地址         物理地址              类型
  192.168.1.1           c0-fd-84-2a-76-2b     动态
  192.168.1.255         ff-ff-ff-ff-ff-ff     静态
  224.0.0.22            01-00-5e-00-00-16     静态
  224.0.0.251           01-00-5e-00-00-fb     静态
  224.0.0.252           01-00-5e-00-00-fc     静态
  228.96.52.3           01-00-5e-60-34-03     静态
  236.100.153.3         01-00-5e-64-99-03     静态
  236.152.244.2         01-00-5e-18-f4-02     静态
  239.255.255.250       01-00-5e-7f-ff-fa     静态
  255.255.255.255       ff-ff-ff-ff-ff-ff     静态
```

图 5-5　执行 arp -a 指令的结果

在图5-5中，“Internet地址”字段代表要解析的目标主机的IP地址，“物理地址”字段表示解析后目标主机的MAC地址，“类型”字段表示此条记录的产生方式（ARP缓存分为静态与动态两种类型）。arp指令的其他用法如下：

- arp －s　IP地址　MAC地址：用来在ARP缓存中添加一条静态记录。
- arp －d　IP地址：用来删除ARP缓存中的记录。

5.2 ICMP 协议

IP协议是一种面向无连接（Connectionless）的数据传输协议，主要负责主机间网络数据包的寻址与路由，并将数据包从源处送到目的地。IP协议考虑的是传输的性能，数据的发送端只负责将数据包送出，并不会理会数据包是否正确到达，缺乏确认与重发机制，也没有任何的消息回报和错误报告机制，例如网络环境下常发生的参数设置错误、线路中断、设备故障、路由器负载过重等。如果要知晓数据传送的过程信息，就必须依赖ICMP协议的帮助。

ICMP属于网络层的协议，只扮演一个“错误检测与报告机制”的辅助角色，能够帮助我们检测网络的连接状况，检测远程主机是否存在，以确保连接的准确性。当我们要对网络连接状况进行判断时，ICMP是一个非常有用的协议。ICMP并不具备解决问题的能力，收到ICMP数据包的主机要如何进行处理与ICMP协议本身完全没有关系，通常需要依赖更上层的协议或程序来处理。

5.2.1　认识 ICMP

ICMP（Internet Control Message Protocol，因特网控制报文协议）运行于DoD模型的网络层，不过数据并不直接送往网络层。ICMP数据包封装在IP协议的数据包中传送出去，可以说是IP协议的辅助协议，提供IP协议所不具备的网络状况或错误等报告。

ICMP数据包可能来自于主机或路由器，能够反映主机或路由器当前的运行情况与数据处理的状况。ICMP消息按照作用可以分为查询报文（Query Message）与差错报告报文（Error-Reporting Message）两种。

1. 查询报文

查询报文主要分为下列几种类型：

- Echo Reply：回显应答。
- Echo Request：回显请求。
- Router Advertisement：路由器通告。
- Router Solicitation：路由器请求。
- Timestamp Request：时间戳请求。
- Timestamp Reply：时间戳应答。
- Address Mask Request：地址掩码请求。
- Address Mask Reply：地址掩码应答。

2. 差错报告报文

差错报告报文主要分为下列几种类型：

- Destination Unreachable：目的地不可达。
- Source Quench：源抑制。

- Redirect：重定向。
- Time Exceeded：超时。
- Parameter Problem：参数问题。

5.2.2 ICMP 数据包格式

ICMP数据包主要可分为报头与数据两部分。报头字段长度为固定的32位，其中包括3个字段：类型（Type）、代码（Code）与校验和（Checksum）。ICMP数据字段的内容与长度取决于数据包的作用与类型。

类型（Type，8 位）	代码（Code，8 位）	校验和（Checksum，16 位）
数据（长度不固定）		

1. 类型（Type）

长度为8位，用于表示ICMP的数据包种类，也就是ICMP数据包的作用。一个ICMP数据包可以带有各种不同的数据，可用此字段来区分。ICMP的种类相当多，大家可以通过访问网站https://www.iana.org/assignments/icmp-parameters/icmp-parameters.xhtml查询。表5-3列出几个常见的ICMP类型及其说明。

表 5-3 常见的 ICMP 类型

类型	说明
0	Echo Reply，回显应答
3	Destination Unreachable，目的地不可达
4	Source Quench，源抑制
5	Redirect，重定向
8	Echo Request，回显请求
9	Router Advertisement，路由器通告
10	Router Solicitation，路由器选择
11	Time Exceeded，超时
12	Parameter Problem，参数问题
13	Timestamp Request，时间戳请求
14	Timestamp Reply，时间戳应答
15	Information Request，在应用 RARP 协议之前，此消息用来在开机时获取网络信息
16	Information Reply，用以应答信息请求（Information Request）报文
17	Address Mask Request，地址掩码请求
18	Address Mask Reply，地址掩码应答

2. 代码（Code）

长度为1字节，与ICMP类型（Type）配合可定义各种ICMP报文，大部分的ICMP类型中只定义一种ICMP代码，此时代码设为0。当目的端不可达时，可能是目的主机没有开机或目的主机所在的网络不可达等原因，代码（Code）字段会以不同的代码值来定义这些情况。如果没有多个情况要加以区别，则该字段设置为0。

3. 校验和（Checksum）

长度为2字节，用来存储ICMP差错报文的校验和。

4. 数据

这里的字段内容与长度随着ICMP种类（Type）不同而有所变化。

5.2.3　Echo Request与Echo Reply

ICMP协议的一种较常见应用是对某个节点发送一条消息，并请求该节点回应一条消息给发送端，以了解连接或网络状态，通常使用两种类型的数据包：Echo Request（回显请求）与Echo Reply（回显应答）。

Echo Request与Echo Reply数据包主要运行于主机与主机之间，用来判定目的主机是否可达，发送端主机发出Echo Request数据包，接收端主机收到数据包后则回应Echo Reply数据包，如图5-6所示。

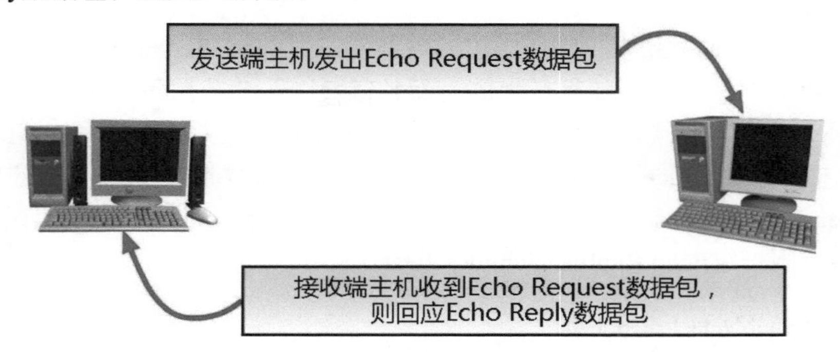

图5-6　Echo Request与Echo Reply数据包主要运行于主机与主机之间

虽然数据包运行于两台主机之间，但是ICMP数据包是封装于IP数据包中的，如果两台主机间能够处理ICMP数据包，就表示两台主机之间的IP协议运行没有问题。Echo Request和Echo Reply数据包内容如图5-7所示，其中Echo Request的Type字段为8，Echo Reply的Type字段为0，Code字段固定为0，数据部分则包括了Identifier（重组标识）、

Sequence Number(序号)与Optional Data(选项数据)三部分。其中,Identifier、Sequence Number字段在协议中并没有定义作用,不过发送数据包的主机可以自由使用。

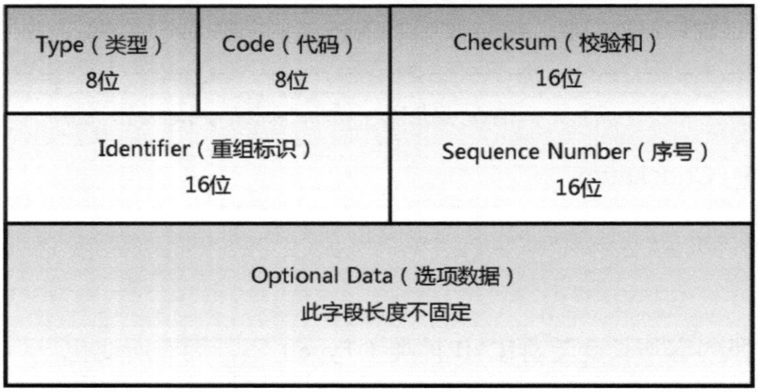

Type(类型)8位	Code(代码)8位	Checksum(校验和)16位
Identifier(重组标识)16位		Sequence Number(序号)16位
Optional Data(选项数据)此字段长度不固定		

图 5-7 Echo Request 和 Echo Reply 数据包内容

(1)Identifier(重组标识)

长度为2字节,由发送Echo Request的主机产生,通常用来定义发送消息的主机进程ID(Process ID),由此可以知晓该数据包是由哪一个进程发的。Echo Reply数据包的Identifier字段值必须与Echo Request数据包的Identifier字段值相同,表示为同一组Echo Reply / Echo Request。

(2)Sequence Number(序号)

长度为2字节,通常用来识别所送出的数据包,由Echo Request的发送端产生。第一次发出数据包时该序号为随机产生的,而且每发送一个数据包就递增1,用来区分所发出的是第几个ICMP数据包。接收端在收到数据包后会将这个字段的值填入Echo Reply数据包中的Sequence Number字段,发送端可以依此判断该数据包响应的是哪一个Echo Request数据包。若Echo Reply与Echo Request的Sequence Number字段的内容相同,就表示为同一组Echo Reply / Echo Request。

(3)Optional Data(选项数据)

长度并不固定,内容视Echo Request数据包的发送端所使用的程序而定,用来记录可选的数据。Echo Reply数据包中的Optional Data字段必须重复这个字段的内容,由此可确认数据在传送的过程没有发生差错。

5.2.4 Destination Unreachable

如果目的主机无法传送数据包,或是路由器无法通过路径选择把数据包传送至目的主机，那么该数据包就会被目的主机或路由器丢弃，这时必须把一个ICMP数据包回报给发送这个数据包的发送方，告知消息无法传送的原因。丢弃数据包的目的主机或路由器可以送出一个Destination Unreachable（目的地不可达）数据包给发送数据包的主机。Destination Unreachable数据包的格式如图5-8所示。

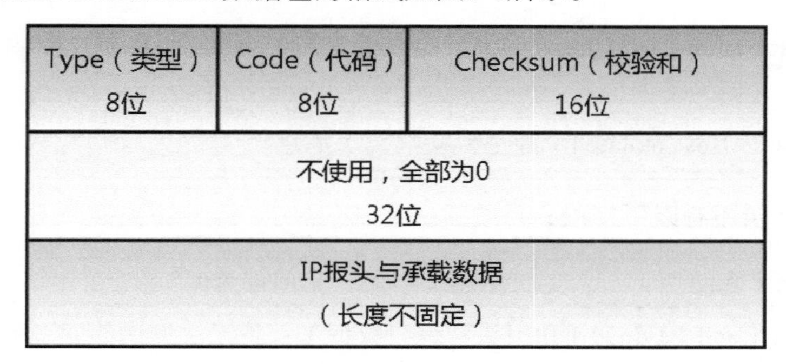

图 5-8　Destination Unreachable 数据包字段的格式

其中，Type字段值为3；Code字段用来定义目的地不可达的原因，值为0～12。常见的Code字段值所代表的含义如下：

- 0：Network Unreachable（网络不可达）消息，由路由器产生。当路由器硬件有问题或是找不到适当的传送路径时，由路由器发送此Network Unreachable消息给IP数据包的发送端。
- 1：Host Unreachable（主机不可达）消息，由路由器产生。路由器已发送消息给目的端，但无法收到目的端的回应，此时由路由器发送此Host Unreachable消息给IP数据包的发送端。主机与路由器所在的网络直接连接，但主机不可达，可能是主机已关闭。
- 2：Protocol Unreachable（协议不可达）消息，由目的主机产生。在目的主机上该协议可能没有运行。IP数据包所携带的消息必须往上由更高的协议层进行处理，例如TCP协议，但是目的端没有执行相同的协议（TCP），此时由目的主机把Protocol Unreachable消息发送给IP数据包的发送端。
- 3：Port Unreachable（端口不可达）消息，目的端没有开放相对应的端口（服务器程序或应用程序没有执行）。
- 4：Fragmentation Needed and DF Set（数据包需要分段但设置了DF标志）消息。路由器需要将数据包加以分段才能传送到另一个网络，但是IP报头中设置了DF标志，因此无法将此数据包进行分段，路由器就会丢弃此数据包并回报此错误消息。

- 5：Source Route Failed（源路由失败）消息，源路径指定选项不可达，IP报头中的路由信息无法使用时，由路由器发送此消息给数据包的发送端。
- 6：Destination Network Unknown（目的网络未知）消息，可能是路由表中并没有目的网络的相关路由信息。
- 7：Destination Host Unknown（目的主机未知）消息，可能是在路由表中找不到目的主机的相关路由信息。
- 8：Source Host Isolated（源主机被隔离）消息。

ICMP数据包还有以下字段：

- Unused（未使用）：未定义用途的字段，其值都为0。
- IP header and Payload（IP报头与承载数据）：将无法送达的问题数据包的IP报头与承载数据的前8字节写入本字段，接收到Destination Unreachable数据包后就可以由此得知问题发生的原因并进一步加以解决。

5.2.5 Redirect

当IP数据包由一个网络传送到另一个网络时必须经过路由器的路由，即路由器会为其选择一个最佳路径进行传送。例如，一台主机刚开机时，它本身所拥有的路由信息有限，主机并没有以动态方式更新路由表的内容，此时主机所选择的路由器并不一定是最佳路径上的。路由器收到一个IP数据包后会将数据包传送给默认路由器，当数据包到达后，默认路由器检查本身的路由表，发现并不是最佳路径时会先把IP数据包转发给下一个路由器，同时也会发送一个Redirect（重定向）数据包给发送该IP数据包的主机，以告知它最佳路由器的IP地址。这样下次再传送数据包时，发送端的主机即可选择最佳路径来传送。

假设发送端主机要传送数据包给目的端主机的最佳路径是要经由第一台路由器（见图5-9）。而IP数据包却被传送至第二台路由器，第二台路由器检查自身的路由表后发现主机所选择的并不是最佳路径，它仍然会将数据包转发给第三台路由器，并发送一个Redirect（重定向）数据包给该IP数据包的发送端主机，该主机可以由此更新自身的路由信息。如此一来下次就可以选择正确的路径，经由第一台路由器来发送数据包。

Redirect数据包的格式如图5-10所示。其中，Type字段值设置为5；Code字段值设置为0～3，IP报头与承载数据字段为所收到的IP数据包的一部分，长度不固定；目的路由器的IP地址（Router IP Address）部分的长度为32位，以图5-9为例，就填入第一台路由器的IP地址。Code字段值所代表的具体含义如下：

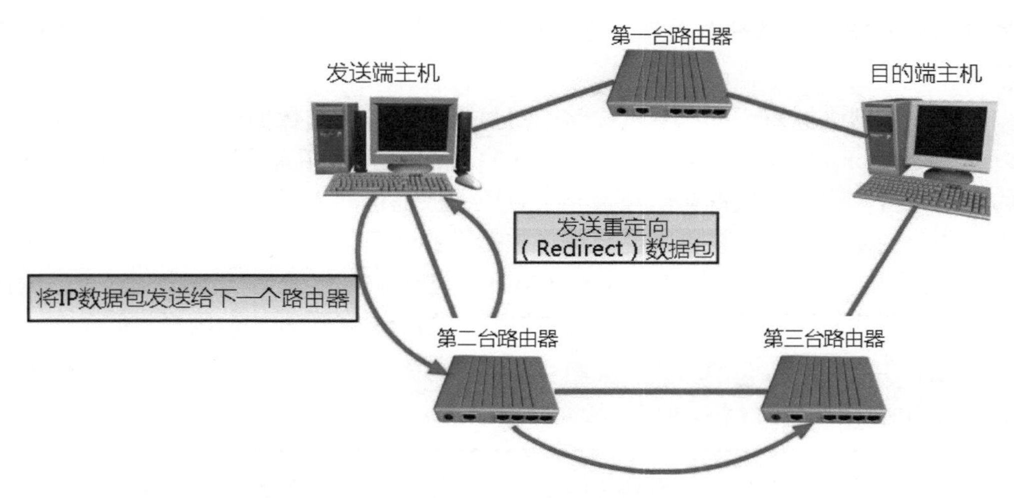

图 5-9　重定向数据包发送的示意图

- 0：特定网络转址。
- 1：找到通往目的主机更适合的路径。
- 2：找到符合ToS（Type of Service)）与通往目的主机更适合的路径。
- 3：当路由器收到IP数据包后，在路由表中找到符合ToS与通往目的网络更适合的路径。

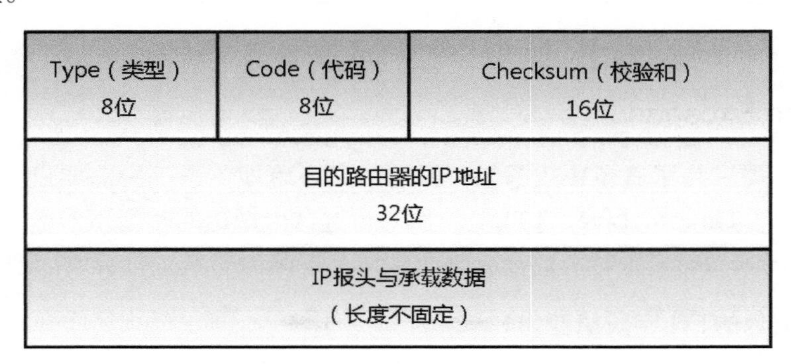

图 5-10　重定向数据包的字段及其格式

5.2.6　Source Quench

不管是主机还是路由器，数据接收端都使用队列来存储等待被传送或处理的数据包。当接收数据包的速度慢于被传送或处理数据包的速度时，主机或路由器无法得知IP数据包是否成功送达目的端，因为IP协议本身并不具备流量控制的功能，主机并不知道数据包是否由于网络拥塞而被其他路由器丢弃，还是由于目的端来不及处理而被丢弃。

如果出现网络拥塞，那么主机或路由器只能丢弃过多的数据包，此时必须回应一个Source Quench（源抑制）数据包。Source Quench数据包用来协助IP协议实现流量管理的功能，告知源主机数据包已被丢弃，应放慢数据包的发送速度以免造成网络持续拥塞。如果拥塞的情况一直发生，数据包被丢弃的情况就会持续，此时数据包发送端会一直被告知要放慢发送的速度。不过ICMP只负责报告，至于源主机收到这个数据包后该如何处理、如何放慢速度进行流量控制则不是ICMP所管辖的范围。

Source Quench数据包的格式，如图5-11所示。其中，Type字段值设置为4；Code字段值设置为0；中间的32位不使用，故而全部设为0。

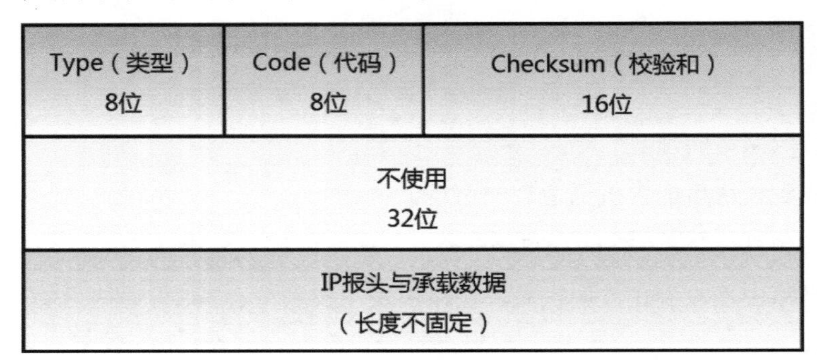

图 5-11　Source Quench 数据包的字段及其格式

5.2.7　Time Exceeded

之前我们提过为了避免IP数据包在网络中无止境地传送下去需要设置一个IP数据包的存活时间（Time to Live，TTL）。如果超过这个规定的时间还未送达目的端，就称之为Time Exceeded（超时）。在以下两种情况下路由器或主机会发出超时的消息。

1. IP数据包的TTL字段值变为1

为了防止路由错误等因素，导致IP数据包在网络上无止境地传送，IP数据包中设置了TTL字段值，每经过一个路由器，TTL的值就减1，当路由器收到的IP数据包的TTL字段值为1时就丢弃此数据包，并发出一条Time Exceeded消息（ICMP数据包）给该IP数据包的发送端。

2. 指定时间内无法重组IP数据包

IP数据包在网络中进行传送时会经过不同的网络，其中每个网络的MTU值不同，有可能使得数据包被分割，这些被分割的数据包会经由不同的路径传送。主机必须重组这些被分割的数据包，如果在规定的时间内这些数据包无法全部到达目的端完成重组，那么目的端会丢弃所有已接收到的分割分段，并发送一个Time Exceeded消息给发送端。

当Time Exceeded数据包的Type字段值设置为11、Code字段值设置为0时，表示此数据包代表TTL计数超时（TTL Count Exceeded），1代表此数据包为分割重组超时（Fragment Reassembly Time Exceeded）；数据字段前32位没有使用，IP报头与承载数据字段则写入原IP数据包的报头信息与承载数据前8字节的内容。Time Exceeded数据包的字段及其格式如图5-12所示。

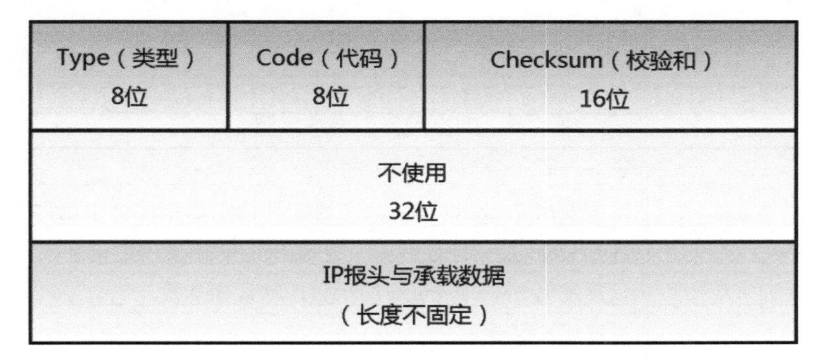

图 5-12　Time Exceeded 数据包的字段及其格式

5.2.8 Parameter Problem

如果IP数据包的字段参数值有问题，那么路由器或目的主机发现后将会丢弃此数据包，并发送一个Parameter Problem数据包给发送端。当其Type字段值设置为12、Code字段值设置为0时，表示IP报头字段有误，这个指针将会指向有问题的字节，如果设置为1，表示选项部分描述不完全，指标字段就没有作用了。Parameter Problem数据包的字段及其格式如图5-13所示。

Type（类型）8位	Code（代码）8位	Checksum（校验和）16位
指针 8位	不使用 24位	
IP报头与承载数据（长度不固定）		

图 5-13　Parameter Problem 数据包的字段值及其格式

5.2.9 ping 工具程序

操作系统中大都内建有一些基本的工具程序，用于发出ICMP数据包，例如ping、tracert、pathping等。下面简单介绍一下ping工具程序的原理及使用方式。

ping工具程序是用来测试两台主机是否能够顺利连接的简单工具。ping工具程序可以发出Echo Request数据包，接收到此数据包的主机或服务器必须响应Echo Reply数据包。在Windows下的“命令提示符”窗口中输入ping指令就可以得到ping相关的使用说明。ping的语法如下：

```
ping 参数 IP地址或主机名
```

其中，ping参数设置及其说明如表5-4所示。

表 5-4 ping 命令的参数说明

参 数	说 明
-t	持续发出 Echo Request，直到按下 Ctrl+C 键才会中止程序
-a	进行 DNS 反向地址解析，查询指定 IP 地址的主机名
-n	设置发出 Echo Request 的次数，默认为 4 次
-l	设置缓冲区大小
-i	设置传送的 TTL 值
-v	设置服务类型
-w	设置等待时间，单位是毫秒

假设把TTL值设置为15，如果ICMP数据包在指定的TTL时间内无法抵达主机，就会传回TTL过期的消息，否则会报告响应时间、TTL等信息。

基本上，ping默认会发出4个Echo Request数据包。可以执行以下指令发出两个Echo Request数据包：

```
ping -n 2 140.112.2.100

Pinging 140.112.2.100 with 32 bytes of data:

Reply from 140.112.2.100: bytes=32 time=122ms TTL=242
Reply from 140.112.2.100: bytes=32 time=147ms TTL=242

Ping statistics for 140.112.2.100:
    Packets: Sent = 2, Received = 2, Lost = 0 (0% loss),
```

```
Approximate round trip times in milli-seconds:
   Minimum = 122ms, Maximum = 147ms, Average = 134ms
```

如果要知道IP数据包抵达目的端前中间经过了几个路由器，那么可以用256减去响应的TTL值。就上面的范例来说，就是经过256 – 242 = 12个路由器，如果指定的主机没有响应，就会得到以下消息：

```
ping 140.112.18.32

Pinging 140.112.18.32 with 32 bytes of data:

Request timed out.
Request timed out.
Request timed out.
Request timed out.

Ping statistics for 140.112.18.32:
Packets: Sent = 4, Received = 0, Lost = 4 (100% loss),
```

【课后习题】

1. 试简述地址解析协议。
2. 两台计算机位于不同的局域网内，如何才能完成ARP的操作？
3. 试说明ARP缓存分为哪几种类型。
4. 简述ARP数据包的种类与内容。
5. 简述ICMP协议。
6. ICMP消息按照作用可以分为几种？
7. ICMP数据包的Type字段值为12时代表什么含义？
8. 试说明Echo Request与Echo Reply数据包的Sequence Number字段的含义。
9. 路由器收到一个IP数据包，发现并不是最佳路径时会如何处理？
10. Source Quench数据包的功能是什么？
11. 在哪两种情况下路由器或主机会发出Time Exceeded的消息？

第 6 章
速学 UDP 与 TCP 协议

在前面章节中我们提过传输层的任务主要在于传送数据的确认、流量控制、错误处理等，它负责与上层的程序进行沟通，决定应该将所接收的数据交给哪一个程序，或将收到的数据包进行封装、分段、加上错误处理等消息，交由下层继续进行处理。本章中我们将介绍传输层（Transport Layer）中的协议：传输控制协议（Transmission Control Protocol，TCP）与用户数据报协议（User Datagram Protocol，UDP）。

TCP与UDP都属于网络数据包传送的协议。TCP用于需要经过多个网络传送的情况，为了维持数据送达的正确性，需要许多确认与检查的工作，属于一种面向连接（Connection-Oriented）的数据传输协议。UDP是一种较简单的面向无连接（Connectionless）的数据传输协议，运行相当简单，所需的计算机资源相当少，不需要事先建立网络连接，因此可以实现简单的请求与应答（Request and Reply）。

≫ 6.1　UDP 协议

UDP是在传输层中运行的通信协议，主要目的在于提供一种简单的通信方式，通常适合应用于小型局域网。由于UDP在传输数据时不保证数据传送的正确性，因此不需要验证数据，故而使用较少的系统资源，非常适用于一些数据传输频率高的小型网络。

UDP具备多路复用（Multiplexing）与多路分用（Demultiplexing）的能力，一个程序可以应付多个程序。如果要对局域网进行广播（Broadcast）或组播（Multicast）等一对多的数据传送，就要采用UDP。

UDP采用队列的方式来控制数据的输入和输出过程，发送端与接收端都按照数据到达的先后顺序进行处理。UDP只能传送简短消息（或称为报文），因为它不能将数据包加以分段，也就是不能使用数据流（Data Stream）的方式来传送数据包，对每一个UDP数据包所携带的数据包都是一个完整未经分割的数据。

6.1.1　通信端口与 Socket 地址

通信端口（Port）是指数据传送与接收的窗口（见图6-1）。当接收端接收到从网络上传送来的数据包时，必须要知道是哪一个应用程序要使用的数据包；当数据传送出去时，也必须指定由接收方的哪一个应用程序来接收和处理，这就是通信端口的功能。

IP数据包可由IP地址得知要将数据传送给网络上的哪一台主机，而UDP更进一步地将数据分配给主机上指定的进程所依靠的是通信端口（Port），所以一台计算机上可能同时执行多个程序、服务器端也可能同时执行多个网站服务。

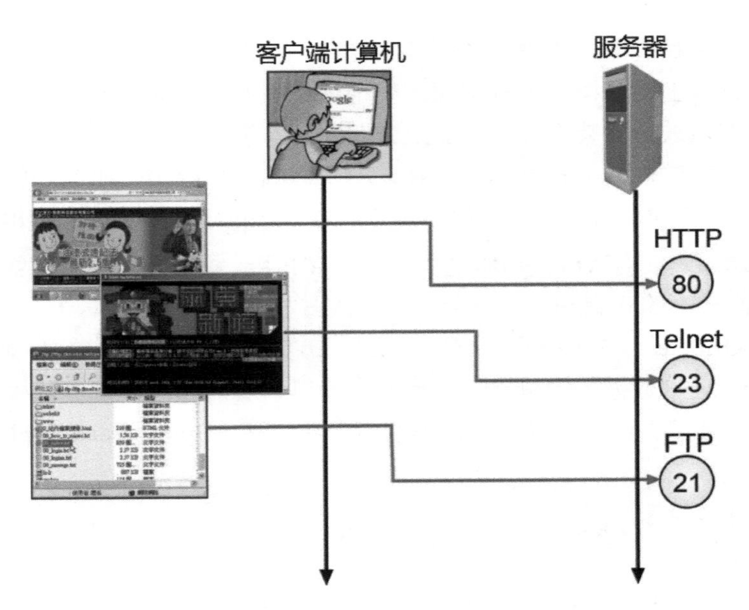

图 6-1 通信端口工作示意图

一个IP地址结合一个端口号（Port Number）就被称为Socket地址（Socket Address），IP地址是给路由器看的，端口号是提供给UDP进行处理的。例如，我们寄信时需要写下地址，它的作用好比IP地址，如此信件才能送达目的地，而信件上也必须写下收件人是谁，这就好比指定通信端口，如此才能知道这封信件将由哪个人接收。

6.1.2 端口号的分类

在每个程序执行时系统都会给予一个端口号，代表程序执行的地址，由于传输层协议使用2字节来存放连接的端口号，因此端口号的有效范围为0 ~ 65535。IANA（Internet Assigned Numbers Authority）机构规定的端口号可分为三个范围：知名（Well-Known）端口号、注册（Registered）端口号和动态与私有（Dynamic and/or Private）端口号。大家可以到IANA的网站上参阅最新的端口信息（见图6-2），网址为http://www.iana.org/protocols。

1. 知名端口号

范围为0 ~ 1023的端口号被称为知名端口号，必须向IANA进行申请，通常由服务器程序使用。例如，邮件服务器会使用端口号25，当要发送邮件时在邮件头加入此端口号标记才能把数据送到这个端口。另外，HTTP服务器使用的端口号为80，Telnet使用的端口号为23，FTP使用的端口为21，等等。

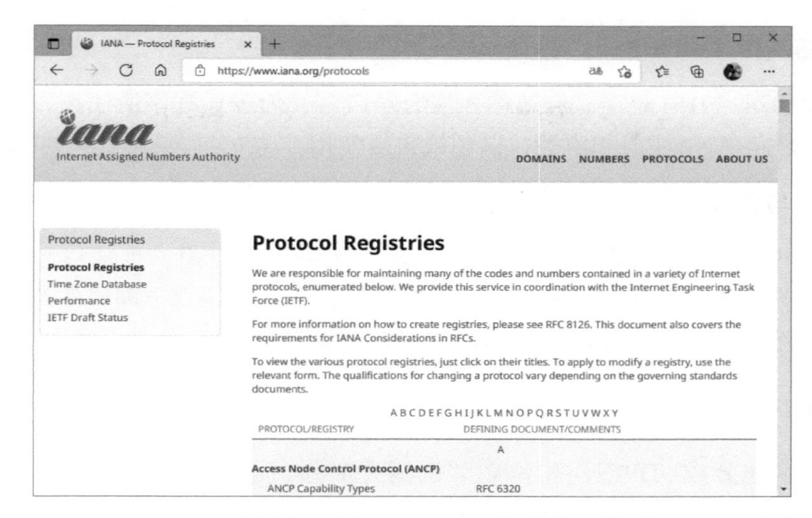

图 6-2 IANA 的网站上可参阅最新的端口信息

要规定知名端口号是因为服务器程序通常在启动之后就等待客户端来进行连接，如果服务器程序的端口号是随意指定的，那么客户端将无法知道要指定连接到服务器端的哪一个端口号，所以常用的服务器程序必须指定众所周知的端口号——知名端口号，方便客户端进行连接。常见的知名端口号如表6-1所示。

表 6-1 UDP 端口说明

UDP 端口	说 明
20	FTP 数据连接
21	FTP 控制连接
23	Telnet 终端机连接
25	SMTP，简易邮件传输协议
53	DNS，域名服务系统
67	BOOTP 客户端（DHCP）
68	BOOTP 服务端（DHCP）
69	TFTP，小型文件传输协议
79	Finger 询问登录者
80	HTTP，超文本传输协议
110	POP3 协议
111	RPC，远程过程调用
137	NetBIOS 名称服务
161	SNMP，简单网络管理协议
520	RIP，路由信息协议

2. 注册端口号

范围为1024~49151的端口号被称为注册端口号，为普通程序所使用，软件公司或相关业者可以向IANA注册和申请，以免被重复使用。

3. 动态与私有端口号

范围是49152～65535，不用向IANA注册，可以自由使用，也被称为短暂端口号，是留给客户端连接至服务端时随机取得的端口号，比如客户端上网或作为个人开发软件测试用的端口号，通常也会因不同的软件或品牌而异。

6.1.3 UDP 数据包

UDP数据包分成UDP报头和承载数据两大部分，承载数据就是来自于上层程序（应用层）的操作数据，其中UDP报头的内容相当简单，记录了目的连接端口号、源连接端口吗、数据包长度、校验和等信息。UDP数据包报头的字段及其格式如图6-3所示。

Source Port（源连接端口号）16位	Destination Port（目的连接端口号）16位	Length（数据包长度）16位	Checksum（校验和）16位

图 6-3　UDP 数据包报头的字段及其格式

1. 源连接端口号

占16位（bit），应用层的程序会分配到一个UDP通信端口，也就相当于记录数据包的源端口号，如果没有必要进行数据的响应，那么这个字段全设为0，此时通常是用于广播传送方式，并不需要接收端的响应。

2. 目的连接端口号

占16位，目的端的应用层端口可以算是报头中最重要的信息，记录数据包的目的端口号，结合IP地址之后就成为主机与应用程序一个有意义且唯一的地址，也就相当于记录了这份数据要传送给哪一个程序。

3. 数据包长度

占16位，记录UDP数据包的总长度，单位是字节，字段最小值为8，也就是只有报头的UDP数据包长度，最大值受限于UDP数据长度不能大于IP承载数据(或有效载荷)的最大值。

4. 校验和

UDP的校验和用来检查数据的传送是否正确抵达接收端，此字段占16位，UDP数据包不一定要使用校验和，如果要进行校验和运算，就要先将Checksum字段设置为0，并在UDP数据包加上一个伪报头（Pseudo Header），在进行校验和运算时，整个总长度必须为16位的倍数，如果不是16位的倍数，则需要加上填充位（Padding）补齐，其内容全部为0，如图6-4所示。

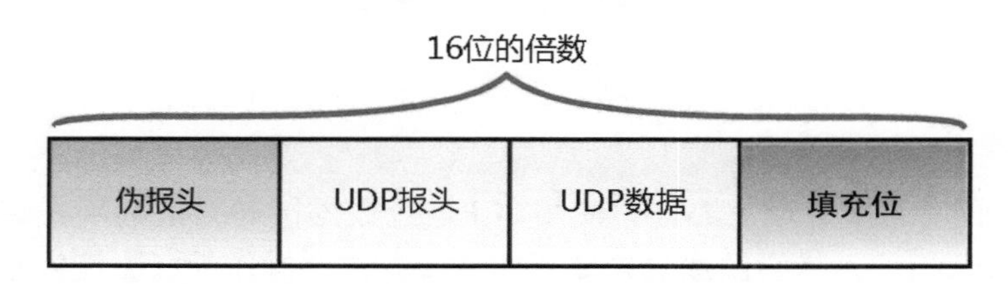

图 6-4　进行校验和运算时会先加上伪报头与填充位

在完成校验和运算之后，会将结果填入Checksum字段，同时将伪报头与填充位去掉。当UDP数据包抵达接收端时，会再加上伪报头与填充位，并再次进行校验和运算。伪报头的字段有点像是IP报头的一部分，具体字段说明如下：

- 源IP地址（Source IP Address）：占32位，填入数据发送端IP地址。
- 目的地址（Destination IP Address）：占32位，填入数据接收端IP地址。
- 上层协议（Protocol）：占8位，为IP报头中的Protocol字段所记录的值，也就是记录网络层上层所使用的协议。由于目前使用的是UDP协议，因此应填入代表UDP的代码17。如果是TCP，则应填入6。
- 数据包长度（Length）：占16位，记录UDP数据包的总长度。

校验和中包括了IP地址的相关信息，如果数据包不小心送错了地方，由于这个接收端所加上的伪报头中的IP地址为自身的地址，因此计算出来的校验和不会全部为0，就可以判定此数据包出现了传送错误，进而丢弃此数据包。

≫6.2　TCP 协议

传输控制协议（Transmission Control Protocol，TCP）是一种面向连接的数据传输协议，可以掌握数据包传送是否正确抵达接收端，并可以提供流量控制(Flow Control）的功能。TCP运行的基本原理是发送端将数据包发送出去之后并无法确认数据包是否正确地抵达目的端，必须依赖目的端与源端不断地进行沟通。TCP经常被认为是一种可靠的协议，因为当发送端发出数据包后，接收端在接收到数据包时必须发出一条消息告诉接收端："我收到了！"如果发送端过了一段时间仍没有得到接收端的确认消息，就表示数据包可能已经遗失，必须重新发出数据包。

6.2.1 TCP 协议的特性

TCP协议是属于程序与程序间进行数据往来的协议，主要有三点特性：面向连接、流量控制、确认与重发。

1. 面向连接

TCP属于面向连接的通信协议，使用TCP进行数据传送之前必须先建立一个虚电路（Virtual Circuit），就好像建立起专用的连接。这个操作就好比连接水管，数据就好比流动的水，两端必须正确地建立好连接才能正确地传送数据。要终止连接的话，必须告知对方连接终止。无论是建立连接或中断连接，都有一个特定的步骤，这就是面向连接的特性。

2. 流量控制

TCP的数据传送是以字节流（Byte Stream）来进行传送的，数据的传送具有全双工的双向传输能力。建立连接之后，任何一端都可以进行发送与接收数据。它还具备流量控制功能，收发双方都具有调整流量的机制，可以根据网络的状况来适时调整，如果以水的流动来比喻，那么发送端就像水龙头一样可以调整流出的水量，如图6-5所示。

图 6-5　发送端就像水龙头一样可以调整流出的水量

TCP特别使用了滑动窗口（Sliding Window）来进行流量控制。滑动窗口就好比一个真正的窗口，如果窗口大的话数据流动量就高，如果窗口小的话数据流动量就低。

TCP与UDP都属于传输层的协议，同样也都利用通信端口来区别每个数据要传送给哪一个程序，作为数据传送与接收的窗口，TCP的端口号和UDP一样遵循IANA的规范。

3. 确认与重发

使用TCP进行数据传送时，发送端每送出一个数据都会希望接收端收到后回应一条消息以作为数据送达的确认，如果在预定的时间内没有收到这个确认，就会认定数据没有送达接收端，此时就会重发数据。这种情况就好像将普通邮件寄送出去之后无法确认信件是否正确抵达一样（见图6-6），若使用挂号邮件，当收件人收到时必须签收盖章，表示信件正确抵达了。相对于UDP协议，TCP协议的传送时间可能会比较长。

图 6-6　TCP 的确认与重发机制就像接到挂号邮件必须签收盖章一样

6.2.2　TCP 数据包

一个TCP数据包主要由报头与承载数据（也称为有效载荷）两部分所组成。TCP承载数据的内容属于应用层（Application Layer）的范围，例如DNS、FTP、Telnet等。与UDP数据包相比，TCP数据包显得较为复杂，去除TCP承载数据的部分之后，我们先来探讨TCP数据包的报头部分（见图6-7）。

<table>
<tr><td colspan="3">Source Port（源连接端口号）
16位</td><td colspan="2">Destination Port（目的连接端口号）
16位</td></tr>
<tr><td colspan="5">Sequence Number（序号）
32位</td></tr>
<tr><td colspan="5">Acknowledgment Number（确认号）
32位</td></tr>
<tr><td>Header Length
（报头长度）
4位</td><td>Reserved
（保留字段）
6位</td><td>Flag
（标志）
6位</td><td colspan="2">Window（窗口）
16位</td></tr>
<tr><td colspan="3">Checksum（校验和）
16位</td><td colspan="2">Urgent Pointer（紧急数据指针）
16位</td></tr>
<tr><td colspan="4">Options（选项）
长度不固定</td><td>Padding（填充）
长度不固定</td></tr>
</table>

图 6-7　TCP 数据包报头的组成

1. 源连接端口号（Source Port）

长度为16位，用来记录上层发送端的应用程序所使用的端口号。

2. 目的连接端口号（Destination Port）

长度为16位，用来记录上层接收端的应用程序所使用的端口号，也就是相当于指定由哪一个程序接收此数据包。

3. 序号（Sequence Number）

长度为32位，由于TCP的数据包是分为数段以字节进行发送的，使得TCP在传送数据时看起来好像是由一个一个的字节数据包所形成的数据流（stream），因此必须为每个分段加上一个编号，以表示这个分段在数据流中的位置。

在连续起始时，发送端会随机产生一个起始序号（Initial Sequence Number，ISN），也就是第一个TCP数据包的序号，接着每个字节会不断地加上编号，Sequence Number（序号）字段会记录每段数据流的第一个字节编号。接收端才可以依此顺序进行数据的处理。第一个用来建立连接的数据包的数据长度为一个字节，并以第一个数据包来通知接收端，所编排的数据包的Sequence Number字段会设置为ISN+1（不是ISN），而真正开始传送的数据包是从ISN+1开始的。假设发送的数据包的长度固定为200个字节，则接下来每一个数据包的Sequence Number为ISN+201、ISN+401、ISN+601……这样不断地接续下去，如图6-8所示。

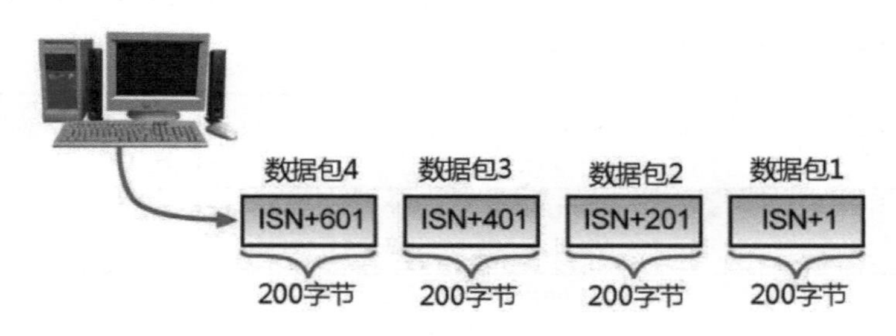

图 6-8　序号的设置方式

除了第一个用来建立连接用的数据包之外，其余的数据包的Sequence Number都设置为ISN加上TCP数据长度（不包括TCP报头）。从Sequence Number字段中的值就可以判断该分段数据在字节流中的正确位置。

4. 确认号（Acknowledgment Number）

长度为32位，用来回应发送端数据包，其值相当于发送端序号加上数据的字节长度，所以这个值也相当于告知发送端接收端预期将收到的下一个数据包的序号。接收端在收到数据包之后，就将Sequence Number字段的值加上数据包长度，如图6-9所示。

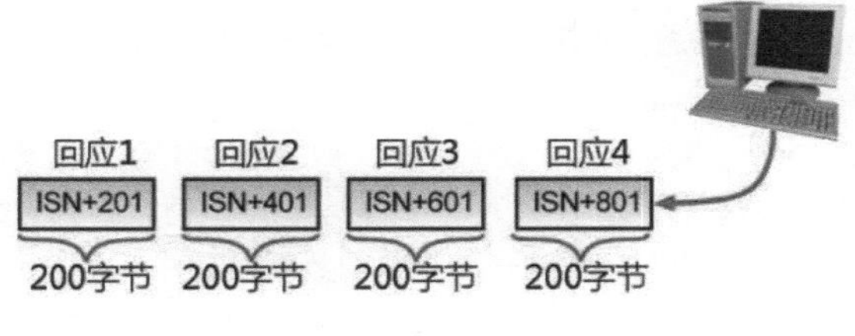

图 6-9　确认号的设置方式

5. 报头长度（Header Length）

长度为4位，又被称为数据偏移量（Data Offset），用于记录TCP的报头长度，记录的单位是4字节。在不包括Options与Padding字段时，Header Length字段值为5，也就是报头的长度是$5 \times 4 = 20$字节。Options与Padding字段的长度不固定，如果包括这两个字段，那么Header Length字段值将根据实际情况而定，最大值为15，所以TCP报头的最大长度可达$15 \times 4 = 60$字节。

6. 保留字段（Reserved）

保留字段，长度为6位，全部设为0，以便将来扩充之用。

7. 标志（Flag）

特殊位，又被称为代码位（Code Bit），长度为6位，每位各代表一个标志设置，设置为1表示启用（Enable）该选项，共有URG、ACK、PSH、RST、SYN、FIN六个标志设置。这些标志选项位可以同时被设置，该字段的各位如图6-10所示，具体含义如表6-2所示。

URG	ACK	PSH	RST	SYN	FIN
1位	1位	1位	1位	1位	1位

图 6-10　TCP 数据包中 Flags 字段的各个标志位

表 6-2　标志位说明

标　志	说　明
URG	设置为 1 时表示启用紧急数据指针（Urgent Point）。TCP 数据在抵达接收端后会先存储在缓冲区中，然后按照字节流的顺序来加以处理。如果发送端有一个紧急数据需要接收端优先进行处理，也就是插队，就可以把 URG 设置为 1，表示这个数据包可以不用在缓冲区等待，接收端必须优先处理它。注意，必须配合紧急数据指针来指定要处理的数据位数

（续表）

标　　志	说　　明
ACK	表示 Acknowledge 标志，设置为 1 时表示这是一个响应数据包，设置为 0 时表示不使用 Acknowledgement Number（确认号）
PSH	表示 Push 标志，通常为了执行效率，TCP 数据包并不会马上发送出去，不过有些应用程序需要实时的数据传送。设置为 1 时表示立即将所接收到的数据包传送给应用层程序。设置为 0，接收端在接收到一段完整的数据之后并不会马上传送给应用层的程序，而是暂存在缓冲区
RST	表示 Reset 标志，设置为 1 时表示重置连接，例如在通信不佳、端口指定错误或连接的一方闲置过久等情况下就必须中断连接
SYN	表示 Synchronize 标志，设置为 1 时表示连接时的同步信号，可借助此标志得知 Sequence Number（序号）字段中记录的是 ISN
FIN	表示 Finish 标志，设置为 1 时表示要终止连接

8. 窗口（Window）

长度为16位，用于设置“流量控制”，这个值以字节为单位，起始值由发送端预设，接下来由接收端回应的数据来加以控制，最大值为65535字节，最小值为0字节。

9. 校验和（Checksum）

长度为16位，用于确保TCP数据包在传送的过程没有损坏（包括报头和数据），TCP数据包中使用校验和（Checksum）来检查数据的传送是否正确抵达接收端，方法是在TCP数据包加上一个伪报头（Pseudo Header），运行方式与UDP相同。

10. 紧急数据指针（Urgent Pointer）

长度为16位，必须与URG标志共同使用，当Flags字段中的URG设置为1时此字段才有作用，其值为需要紧急处理的字节数，例如该字段设置为5时，表示TCP数据的第0～4字节需要紧急处理。

11. 选项（Options）

这个字段的长度不固定，一般来说并不常用，主要用来扩充TCP的功能。Options字段使用与否由客户端自行决定，但总长度必须为32位的倍数，每个选项基本上都有3个字段，如图6-11所示。

选项种类 （8位）	选项长度 （8位）	选项数据 （长度不固定）

图 6-11　选项字段及其格式

（1）选项种类（Option Kind）

此字段占8位，又被称为命令码，记录选项功能的种类或用途。常用的选项种类及其说明如表6-3所示。

表 6-3　选项种类说明

选项种类	说　　明
0	End of Operation，表示选项结束，没有选项长度（Option Length）与选项数据（Option Data）字段，用来表示选项设置结束，之后不再有其他的选项设置
1	No Operation，无操作，使选项字段的长度为 16 位的倍数
2	Maximum Segment Size，最大分段长度，表示 TCP 接收端所能接收的最大 TCP 数据长度，记录于 Option Data 字段中，记录的单位是字节，因为 Option Data 字段的长度为 16 位，所以最大数据长度为 0～65535，默认长度为 536
3	Window Scale Factor，窗口大小因子，用来调整数据传送时滑动窗口的大小，在连接建立时决定是否使用
4	SACK-Permitted，允许选择性应答，没有 Option Data 字段，在连接建立时设置。以图 6-12 为例，发送端送出 3 个数据包，其中第 2 个数据包无法抵达接收端，基于 TCP 的特性，默认只会对连续到达的数据包进行应答。由于没有收到数据包 2，因此数据包 2 与数据包 3 的应答都不会传送给发送端，而发送端在预订的时间内没有收到数据包 2 与数据包 3 的应答，于是重发数据包 2 与数据包 3 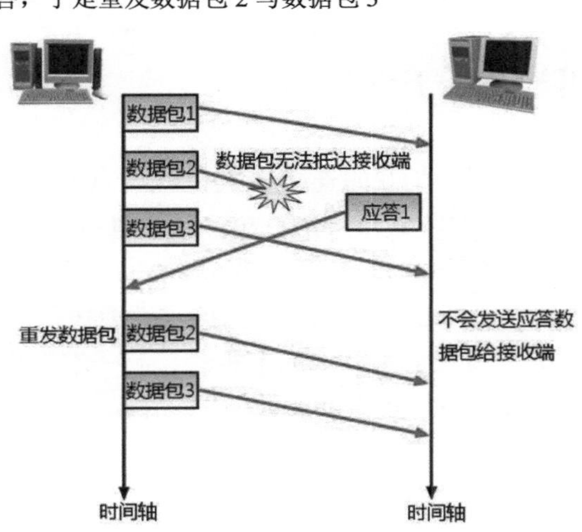 图 6-12　接收端未收到连续数据包 发送端未收到应答的另一种情况是数据包 2 的应答可能在返回前就遗失了。无论是哪一种情况，数据包 3 都会被重发。为了避免出现这种情况，在建立连接时，可以先设置 SACK-Permitted，如此接收端就可以应答发送端，告知接收端哪些数据包已经接收，不用再重发这些数据包

（续表）

选项种类	说　　明
5	SACK（Selective Acknowledge），选择性应答，必须在建立连接时设置 SACK-Permitted 才有用，Option Data 字段的长度不固定，用于回应发送端哪些数据包已经接收。Option Data 字段中会记录不连续收到的数据包的序号，每记录一个数据包都要用去 32 位的长度（也就是序号的长度）
8	Time Stamp，时间戳，长度为 8 字节，分为时间戳与时间戳响应两个字段，若启用此选项，则 TCP 数据包离开发送端时会将离开的时间记录于时间戳字段，而当接收端响应此数据包时会把时间戳字段的值复制到时间戳响应字段中

（2）选项长度（Option Length）

此字段占一个字节，用来记录Option字段的总长度，所使用的单位为字节。

（3）选项数据（Option Data）

此字段的长度不固定，用来记录Option所携带的数据内容，其长度等于Option Length字段的值减去2。

12. 填充（Padding）

该字段长度不固定，用来填充TCP报头，使之长度为4字节的倍数。

6.3 TCP 连接方式

这一节我们将开始探讨TCP的连接方式，整个TCP的传送过程可以说是相当复杂的。TCP的传送过程必须在收发双方建立起一条虚电路（Virtual Circuit），主要目的是进行Sequence Number（序号）与Acknowledge Number（确认号）的同步（Synchronize），发送端为执行主动开启（Active Open），而接收端为执行被动开启（Passive Open），其实就是一种“确认”与“重发”的简单概念，有一端在发送，另一端就必须做出回应，不然传送视同失败，必须重新发送数据。

6.3.1 建立连接

要建立一个TCP连接，通常必须经过3个步骤，即三次握手（Three-way Handshaking），每个步骤都必须交换一些信息，一端确认无误后，再发送数据给另一端。传送时的主要目的在于交换序号（Sequence Number）与确认号（Acknowledgement Number）。图6-13为三次握手模式的示意图。

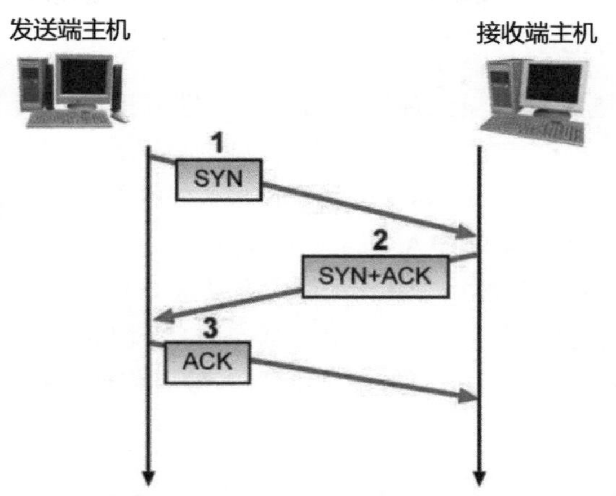

图 6-13　三次握手模式的示意图

图6-13中只列出了几个重要的TCP报头字段值，其中SN代表Sequence Number字段，ACKN表示Acknowledge Number，SYN与ACK则表示Flag字段中的两个控制标志。下面说明这3个步骤是如何进行的。

1. 步骤1（SYN）

发送端主机（简称为A端）想要与接收端主机（简称为B端）建立连接，首先必须将Flag字段中的SYN标志设置为1，表示这是一个发起建立连接的同步数据包，称为SYN数据包（不含承载数据部分），它的序号就是初始序号，此时将A端发送数据包的SYN字段设置为1，表示连接时的同步信号。A端首先随机产生一个初始序号（Initial Sequence Number），假设为ISN_A，目前还不知道B端将发送数据包的ISN_B，所以Acknowledge Number预设为0，而ACK设置为0，表示这不是一个响应数据包。其他的字段（例如Window或窗口大小系数等），则设置为默认值或视情况进行设置。相关信息如下：

$SN=ISN_A$

ACKN=0

SYN=1

ACK=0

2. 步骤2（SYN+ACK）

当SYN数据包抵达B端时，已经建立起A端至B端的连接，接下来要建立起B端至A端的连接，所以B端将数据包的SYN标志设置为1，表示这也是一个同步数据包，并随机产生一个初始序号，假设为ISN_B。B端接收到A端的数据包，得知A端的序号（以ISNA标识），而后B端也必须响应A端的同步数据包，所以将ACK设置为1，表示它也是一个响应数据包，并将ACK标志设置为1。所以这个数据包具有同步数据包与回应数据包的双重作用。由于A端至B端的同步数据包占1位（bit），因此将ISNA加上1，并填入Acknowledge Number字段中，作用如步骤1。接着将数据包传送给A端。相关信息如下：

SN= ISN_B

ACKN= ISN_A+1

SYN=1

ACK=1

3. 步骤3（ACK）

当A端收到B端传送过来的SYN-ACK数据包时，A端得知A端至B端的连接已建立，由于这不是同步数据包，因此SYN标志设置为0。A端必须要响应这个数据包，因而会发出一个ACK数据包作为响应，ACK标志设置为1。接着将这个数据包的ISN_B加1并填入Acknowledge Number字段中，表示期望从B端收到的下一个数据包编号，而这个数据包是A端的第二个数据包，所以将ISNA加上1并填入Sequence Number字段中，B端接到回应数据包后，得知B端至A端的连接建立完成，至此整个连接的建立完成。相关信息如下：

SN= ISN_A+1

ACKN= ISN_B+1

SYN=0

ACK=1

以上建立连接的方式看似复杂，实际上只要把握“确认”与“重发”的基本原则即可。任一方发出数据后，都必须有另一方的确认消息，第2个步骤是B端给A端发送确认消息并要求进行同步，第3个步骤是A端给B端发送确认消息。

6.3.2　连接终止

在TCP连接建立之后，收发双方的地位就是相等的，不再分为主动端与被动端。双方既可以同时进行数据的传送，也可以由任何一方来终止连接。终止连接时，既可以单方面进行，也可以双方面同时进行。如果要终止TCP的连接，就可单独终止一方的连接，例如在服务端进行数据传送时，由于客户端已经完成指令的要求，因此不用再继续保持至服务端的连接，于是主动提出终止连接的请求（客户端至服务端），即主动式关闭连接，此时服务端至客户端的连接仍然存在，继续数据传输的操作，等到数据传送完毕，服务端再要求终止至客户端的连接即可，这个操作又称为被动式关闭连接。

要终止TCP的连接，必须经过4个步骤，称之为四次握手（Four-way Handshaking）。图6-14中完整展示了四次握手的流程，其中FIN表示Flag字段中的Finish控制标志。下面说明这4个步骤所进行的操作。

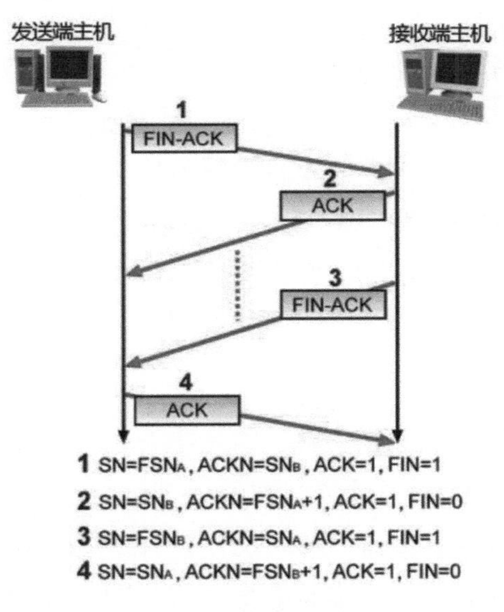

图 6-14　四次握手模式的示意图

1. 步骤1（FIN-ACK）

假设发送端主机（简称为A端）已经完成对接收端主机（简称为B端）的数据传送，准备要终止至B端的连接，那么首先可将FIN标志设置为1，B端也必须响应A端的数据包，所以将ACK设置为1。这个数据包将是A端至B端的最后一个数据包，所以设置Sequence Number（序号）为FSN_A，表示这是A端至B端的Final Sequence Number（最后序号），而且ACK=1，此时的Acknowledge Number（确认号）为SNB。相关信息如下：

```
SN=FSN_A
ACKN=SN_B
ACK=1
FIN=1
```

2. 步骤2（ACK）

B端收到A端的终止连接数据包，将FSN_A加1，并将数据包传送给A端以响应此次终止连接的请求，FIN设置为0，表示终止B端至A端的连接，并把Sequence Number（序号）设置为SN_B，然后将数据包传送出去，因为这也是一个响应数据包，所以ACK=1。相关信息如下：

```
SN=SN_B
ACKN= FSN_A+1
ACK=1
FIN=0
```

3. 步骤3（FIN-ACK）

当B端完成对A端的数据传输之后，将FIN标志设置为1，表示要终止至A的连接，A端也必须响应B端的数据包，所以将ACK设置为1。此时的数据包是B端至A端的最后一个数据包，所以把Sequence Number（序号）设置为FSN_B，表示这是B端至A端的Final Sequence Number（最后序号）。相关信息如下：

```
SN=FSN_B
ACKN= SN_A
ACK=1
FIN=1
```

4. 步骤4（ACK）

A端收到B端的终止连接数据包，将FSN_B加1，并设置为Sequence Number，然后将数据包传送给B端以响应此次终止连接的请求，所以将ACK设置为1。相关信息如下：

```
SN=SN_A
ACKN= FSN_B+1
ACK=1
FIN=0
```

事实上，TCP是一种双向传输的协议，在网络中任何一个设备都有可能同时扮演客户端与服务端的角色。收发双方所发出连接请求的数据包同时抵达，同时发起建立连接（虽然这种概率不大，但是仍有可能发生）的情况被称为同步发起连接（Simultaneous

Connection Initialization）。当这种情况发生时，双方都会发起建立连接，这时并没有哪一方是“主动发起”或“被动发起”，双方的地位是对等的。图6-15中发送端或接收端发起连接的时间并不一定是相同的，但是网络状况不相同，使得同步数据包抵达的时间相同，此时双方都会建立起连接，彼此传送数据。

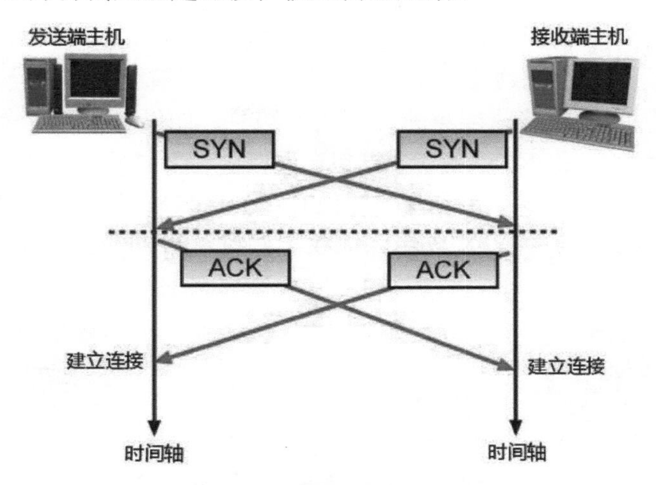

图 6-15　同时发起建立连接

≫ 6.4　重发机制

虽然在TCP数据传送的过程中所交换的消息相当多，但是都可以简化为“确认”与“重发”这两项，简单地说就是只要发送端未收到接收端的确认数据包就认定数据包没有送达，必须重发数据包。在正常情况下，发送端送出SYN数据包，当接收端接收到数据包后就会发出ACK数据包，告诉发送端“我收到了”，就这么一来一往地不断进行传送与确认，如图6-16所示。

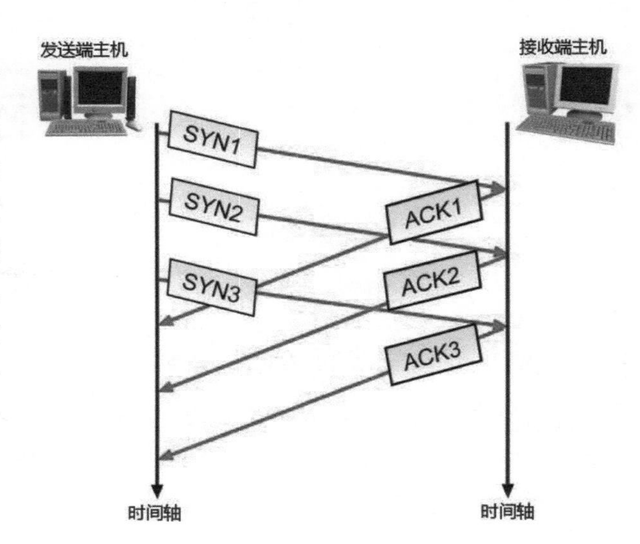

图 6-16　TCP 数据传送过程中的“确认”与“重发”

在数据传送过程中，中间有可能会经过许多网络，从而导致数据包未能送达目的地或者发送端未收到接收端的确认数据包，所以TCP必须要能应付这些重发的情况。

6.4.1 数据包未能送达接收端

在网络状况不佳的情况下，所发送出去的数据包一直拥塞在网络上，由于接收端一直未收到响应，因此会再次重发数据包，结果使情况雪上加霜。当数据包在传送的过程中由于某些因素导致接收端重新计算校验和时，如果结果不是全部为0，就会认定此数据包损坏而将它丢弃，或者IP数据包在网络中转发过多次，最后因为TTL（存活时间）值为1而被路由器丢弃，导致接收端没有收到该数据包。不管是哪种情况，结果都是接收端没有收到数据包，发送端因此收不到确认数据包，必须重发数据包，如图6-17所示。

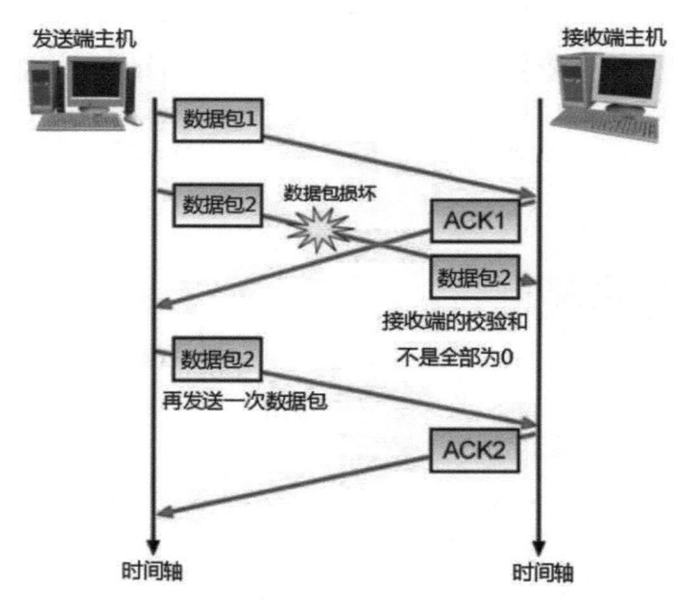

图 6-17　数据包未送达时发送端必须重发数据包

6.4.2 确认数据包没有送达发送端

数据包可能已经抵达接收端，也已经发出确认数据包，不过确认数据包却在返回发送端的传输过程中遗失了。发送端因没有收到响应数据包而认定数据包遗失了，这时还是要重发数据包，如图6-18所示。

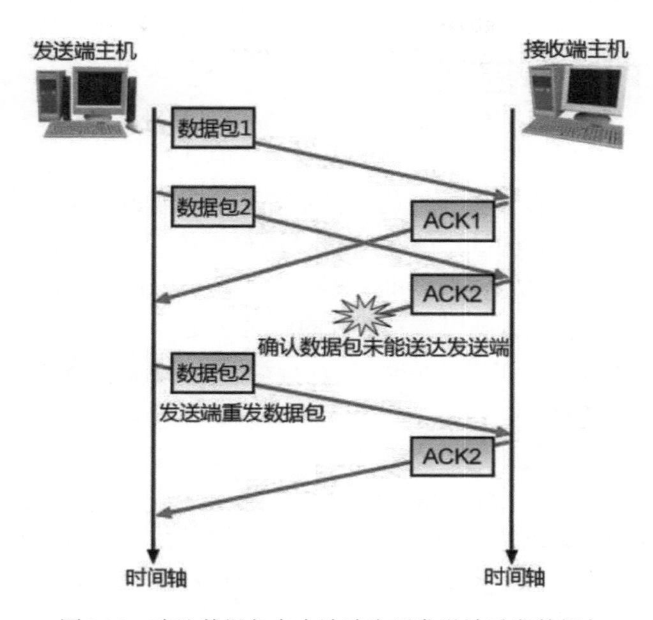

图6-18　确认数据包在中途遗失后发送端重发数据包

6.4.3　数据包没有连续抵达接收端

TCP只会对连续抵达的数据包进行确认，例如有编号1、2、3三个数据包，其中1号、3号数据包抵达了接收端，而2号数据包没有抵达，此时接收端只会对1号数据包进行确认，由于收不到2号和3号的确认数据包，于是发送端重发2号和3号数据包，如图6-19所示。对于接收端而言，重复收到了数据包3，如果不连续抵达的情况经常发生，就会造成许多数据包的重复发送。此时可使用Option字段中的SACK-Permitted与SACK子字段，以选择性应答的方式告知发送端有哪些数据包已经送达，这样就不用重复发送了。

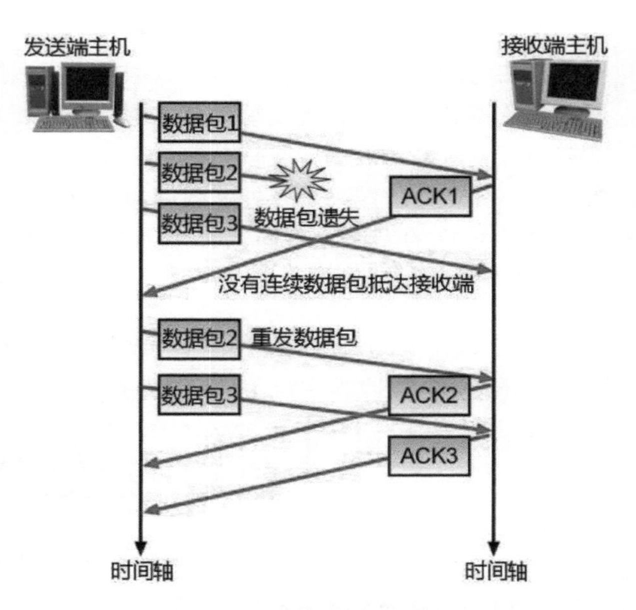

图 6-19　TCP 只会对连续抵达的数据包进行确认

≫6.5 TCP 流量控制

TCP连接时会不断地进行传送与确认的操作，但是每发出一个数据包后都必须等待另一端的响应，结果是在整个传输的过程中等待的时间占了大多数，传输效率比较低。TCP具备的一个重要功能就是流量控制，其中最大的功臣是滑动窗口，可以通过滑动窗口的大小来控制数据的传送量。也就是说，TCP可以根据当时的网络情况或硬件资源，利用滑动窗口的机制，随时调整数据的传送速度。

滑动窗口可以想象成现实中的窗户，窗口打开幅度越大，数据流量越大；窗口打开幅度越小，数据流量越小。滑动窗口的大小可以动态改变，其数值的大小主要是由接收端告知发送端来进行控制的，必要的时候，可以将窗口完全关闭，让发送端无法送出数据。需要注意的是，当滑动窗口变大时，可以允许连续传送多个数据包，虽然可以获得数据流量的大幅增加，但是同时也会占用较多的计算机资源。相对地，如果当下的硬件资源或网络忙碌而不足以负荷过大的数据流量时，就可以改用较小的滑动窗口。

6.5.1 滑动窗口简介

在发起连接时可预设滑动窗口的大小，接着采用接收端的应答数据包中Window字段设置的滑动窗口大小。此处假设数据包送出后按序抵达，也顺利地按序确认。只要网络状况没有问题，且接收端处理数据包的速度够快，那么设置较大的滑动窗口，一次就可以发送多个数据包或较大的数据量，从而加快数据的传送，避免等待过长的应答时间。如果接收端来不及处理数据包或出现网络拥塞，就可以设置为较小的滑动窗口，减少数据的发送。下面以大小固定为4的滑动窗口为例来说明滑动窗口设置的变化。

（1）假设滑动窗口的大小是4个数据包，发送端主机（简称A端）送出1~4个数据包，并开始等候接收端主机（简称B端）的确认，如图6-20所示。

图 6-20 滑动窗口的大小为 4 个数据包

（2）当A端收到B端的ACK1确认数据包时，由于数据包1在最左边，因此将数据包1移出窗口，然后将新的数据包5移进窗口，如图6-21所示。

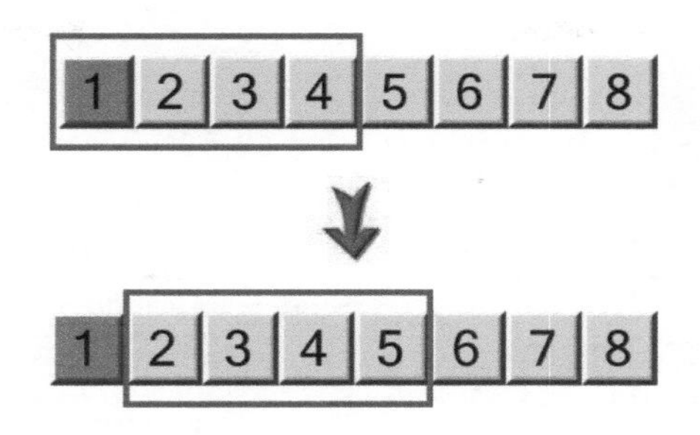

图 6-21　将滑动窗口右移一格

（3）A端又连续收到ACK2与ACK3确认数据包，所以数据包2与数据包3被移出滑动窗口，数据包6与数据包7逐步移进滑动窗口，如图6-22所示。

（4）A端收到ACK5确认数据包，但还未收到ACK4确认数据包，所以继续留在滑动窗口内等待响应，如图6-23所示。

图 6-22　将滑动窗口右移两格　　图 6-23　未收到连续确认数据包时滑动窗口保持不变

（5）A端收到ACK4确认数据包，由于数据包4与数据包5位于滑动窗口最左边，所以一起被移出滑动窗口，并将数据包8与数据包9移入滑动窗口，如图6-24所示。

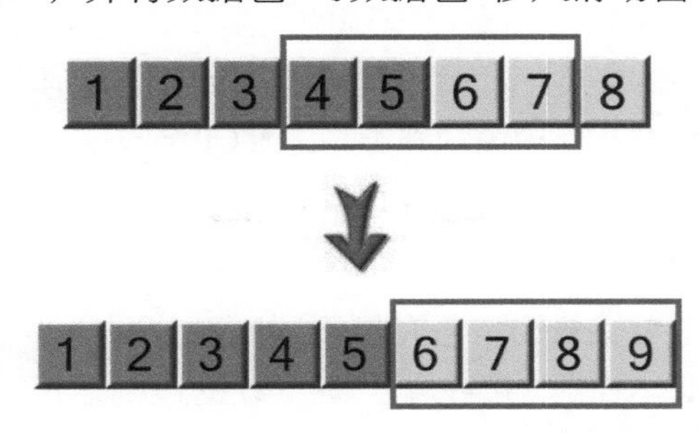

图 6-24　收到 ACK4 确认数据包后滑动窗口右移两格

滑动窗口的大小实际上并不是以数据包个数为单位的，而是以字节为单位的。图6-25展示了发送端主机（A端）与接收端主机（B端）之间是如何进行流量控制的。其中接收端主机会视当下的硬件资源及网络忙碌的情况适时地将调整后滑动窗口的大小值发送给发送端主机。

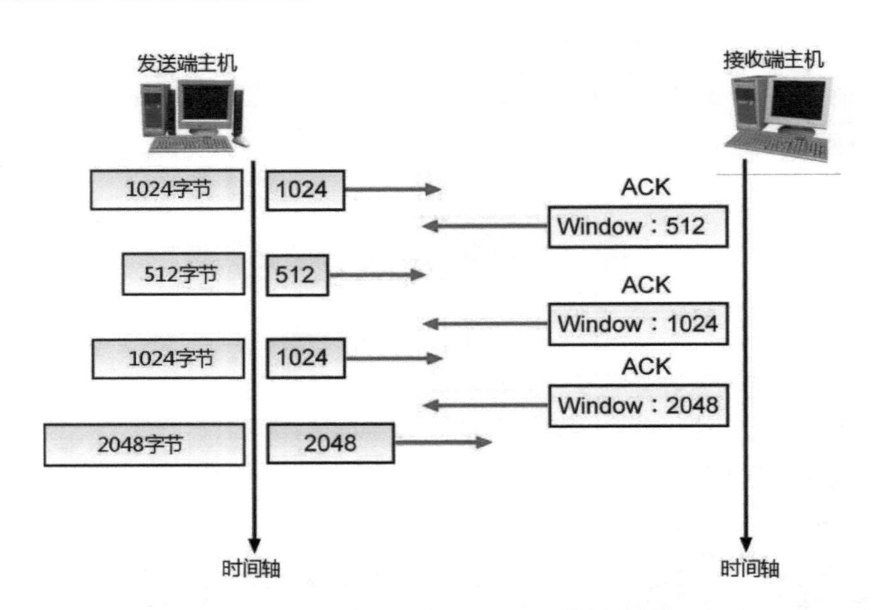

图 6-25　发送端主机与接收端主机之间的流量控制示意图

6.5.2　传送窗口与接收窗口

在第6.5.1节所举的滑动窗口的例子中，我们只假设发送端主机（简称为A端）加入了滑动窗口的机制，并在简化滑动窗口机制的前提下用实例说明数据包移入和移出滑动窗口的过程。滑动窗口的机制有助于加速数据的传送，所以在实际应用中不会只在TCP的单一方（发送端）加入滑动窗口机制，在TCP接收端也可以加入滑动窗口机制。为了区分发送端与接收端的滑动窗口名称，我们将发送端的滑动窗口称为传送窗口（Send Window），把接收端的滑动窗口称为接收窗口（Receive Window）。

接收窗口和传送窗口所扮演的角色有何不同？以前面所介绍的为例，当A端（发送端主机）发送的数据包抵达B端（接收端）时，数据包到达B端的顺序不一定和A端发送数据包时的顺序一致，因此可以利用B端的接收窗口来记录数据包到达的情况，只有那些连续到达的数据包才会把确认（ACK）数据包发送给A端，那些已收到的连续数据包先暂存在缓冲区中，当暂存的数据包累计到一定的量时，再将这些连续数据包转交给上一层的应用程序，以继续下一个阶段的处理。至于那些收到的非连续数据包，则会先行标记为已收到的数据包，以等待其他陆续到达的数据包，连贯组合成一个连续的数据包之后才会移出接收窗口。

哪一种情况才属于连续收到的数据包，哪一种情况又被认为是非连续收到的数据包呢？假设数据包发送的顺序是数据包1、数据包2、数据包3……，当接收端收到数据包后，会先将其标记为已收到的数据包，以图6-26为例，其中数据包3和数据包6尚未到达接收端，故而数据包1、数据包2为连续收到的数据包，而数据包4、数据包5、数据包7是非连续收到的数据包。注意，接收端只针对连续收到的数据包给发送端发送确认数据包，并将这些连续的数据包送往缓冲区，准备转交给上层的应用程序。

数据包1	数据包2	数据包3	数据包4	数据包5	数据包6	数据包7

图 6-26　连续收到的数据包和非连续收到的数据包

下面以大小固定为4的滑动窗口来说明A端（发送端）与B端（接收端）之间传送窗口与接收窗口设置的变化。A端开始发送1~4数据包，B端接收窗口的状态如图6-27所示。

图 6-27　B 端接收窗口的大小为 4（可容纳 4 个数据包）

当B端（接收端）收到数据包后，会先将该数据包标记为“已收到”（我们在下面的图中以深色区块来表示已收到的数据包），如果已收到的数据包位于接收窗口的最左侧，则会给A端（发送端）发送确认数据包，并将接收窗口往右移动一格。如果此时接收窗口最左侧的数据包也被标记为“已收到”，则继续向右移动一格，直到接收窗口最左边的数据包没有被标记为“已收到”为止。

此例假设数据包到达B端的顺序为数据包4、数据包1、数据包2、数据包3，则B端接收窗口的变化如下。

（1）B端先收到数据包4，所以将数据包4标记为“已收到”，如图6-28所示。由于数据包4并不是B端接收窗口最左边的数据包，因此暂时不会给A端发送确认数据包，也不会移动接收窗口。

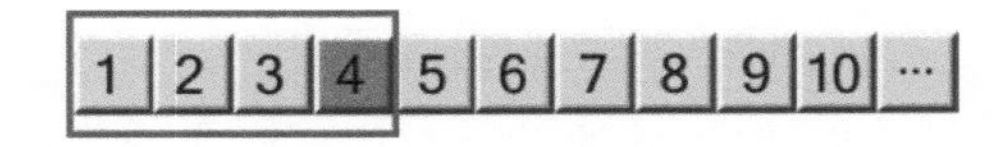

图 6-28　数据包 4 先到达 B 端

（2）B端收到数据包1，所以将数据包1标记为“已收到”。由于数据包1是B端接收窗口最左边的数据包，因此必须给A端发送确认数据包，并将接收窗口向右移动一格，如图6-29所示。

（3）B端收到数据包2，将数据包2标记为“已收到”。由于数据包2是B端接收窗口最左边的数据包，因此必须给A端发送确认数据包，并将接收窗口向右移动一格，如图6-30所示。

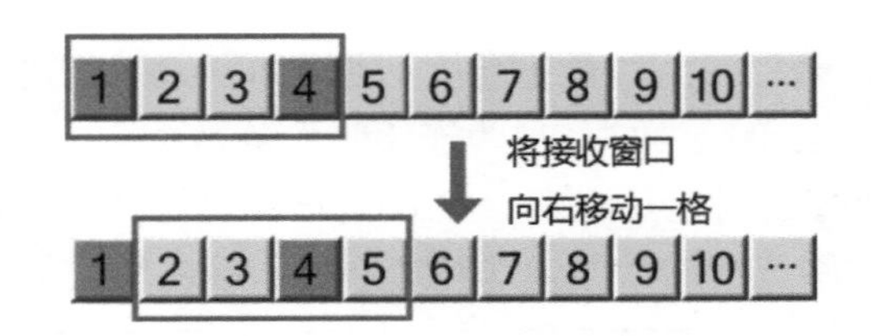

图 6-29　B 端收到数据包 1 后接收端窗口向右移动一格

图 6-30　B 端收到数据包 2 后接收端窗口向右移动一格

（4）B端收到数据包3，将数据包3标记为“已收到”。由于数据包3是B端接收窗口最左边的数据包，因此必须给A端发送确认数据包，并将接收窗口向右移动一格。数据包3后面的数据包4之前已标记为“已收到”，所以必须给A端发送确认数据包，再继续将接收窗口向右移动一格，如图6-31所示。

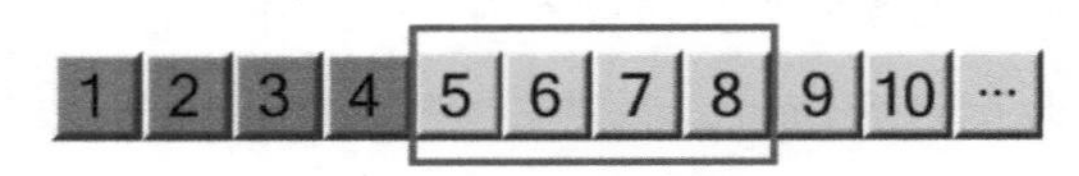

图 6-31　B 端收到数据包 3 后接收端窗口向右移动两格

【课后习题】

1. 试举出UDP的三个特性。
2. 通信端口的功能是什么？
3. 什么是Socket地址？
4. 什么是注册端口号？
5. 在UDP的数据包中，哪个字段信息最重要？为什么？
6. TCP有哪些特性？
7. Flag又称为代码位，长度为6位，试问有哪6个标志设置？
8. 什么是紧急数据指针？
9. 什么是连接时的“主动式关闭”与“被动式关闭”？
10. 试简述同步连接起始。
11. 试简述滑动窗口的功能。

第 7 章

因特网与应用协议

因特网（Internet）是连接全世界的巨大网络，有无数运行的计算机主机和网络设备连接到这个网络上(见图7-1)。因特网的存在已经或正在改变很多人的工作、生活、沟通等方式，为人们提供了一个购物、学习、工作、社交和释放心情的全新天地（人们几乎可以通过计算机或智能移动设备从因特网上存取每一类信息）。因特网是一种连接各种计算机网络的网络，以TCP/IP为主要网络标准，也就是说只要通过TCP/IP协议就能享受因特网上所有的服务。

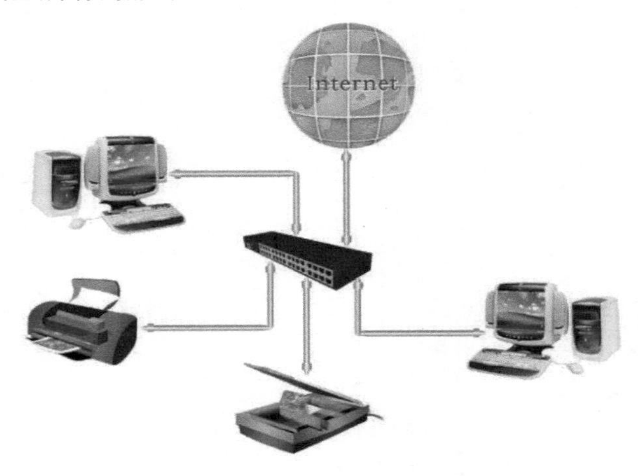

图 7-1 因特网的架构图

提　示

ISP（Internet Service Provider，因特网服务提供商）所提供的服务就是协助用户连上因特网。目前大部分的普通用户都是使用ISP提供的账号，通过调制解调器连接上因特网。另外，企业租用专线、架设服务器、提供电子邮件信箱等也都是ISP所经营的业务范围。

因特网上并不存在唯一中心的管理机构，它包含数不清的个人网络或组织网络，这个网络聚合体中的每一位成员自行营运与承担费用。因特网的诞生可追溯到20世纪60年代，那时美国军方为了在核战时仍能维持可靠的通信网络系统，将美国国防部内所有军事研究机构的计算机及某些与军方有合作关系大学中的计算机主机以某种一致且对等的方式连接起来，这个计划称为ARPANET因特网计划（Advanced Research Project Agency，ARPA）。后来美国军方为了自身的需要及管理方便将ARPANET分成两部分：一个是新的ARPANET，供非军事之用；另一个称为MILNET。直到20世纪80年代美国国家科学基金会（National Science Foundation，NSF）确定以TCP/IP为通信协议标准的NSFNET，最终才达到各大机构资源共享的目的。

提　　示

内联网（Intranet）是指企业内的因特网，将因特网的产品与概念应用到企业组织中，通过TCP/IP协议来连接企业内部和外部的网络，以Web浏览器作为统一的用户界面，以Web服务器来提供统一服务平台。服务对象原则上是企业内部的员工，并使企业体内部各层级的距离感消失，达到各层级间良好沟通的目的。

外联网（Extranet）是为整合企业上、下游各相关策略联盟企业所构成的网络，需要使用防火墙进行管理，通常属于内联网的一个子网，可将用户延伸到公司外部，以便客户、供货商、经销商以及其他公司也可以存取企业网络上的资源。

7.1　万维网

宽带网络的普及使热衷于使用因特网的人数大幅增加，而在因特网所提供的服务中，又以万维网的发展最为快速与多样化。万维网（World Wide Web，WWW）又称为全球信息网，简称Web（网站），可以说是目前因特网上最流行的一种新兴工具。它让因特网原本生硬的文本界面蜕变成具有声音、文字、图片、动画和视频的多组件交互界面，如图7-2所示。

图 7-2　万维网的多组件交互界面

WWW主要是由全球大大小小的网站所组成的，主要以主从式架构（Client / Server）为主，可分为客户端（Client）与服务器服务（Server）两部分。WWW的运行原理是通过网络客户端的程序去读取指定的文件，并将其显示于用户的计算机屏幕上，这个客户端的程序是浏览器（Browser）。目前市面上常见的浏览器种类很多，各有特色。

万维网的工作流程如图7-3所示。例如，我们使用家中的计算机（客户端）在浏览器中输入URL来开启某个购物网站的网页，随后家中的计算机会向购物网站的服务器发送显示网页内容的请求。一旦网站服务器收到请求，就会将网页内容传送给家中的计算机，经过浏览器的解析后会把网站的内容显示在用户的计算机屏幕上。

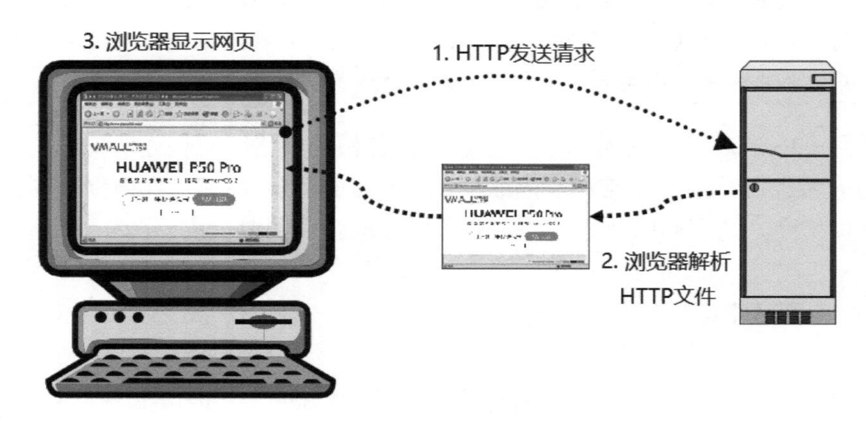

图 7-3　万维网工作流程示意图

7.1.1　统一资源定位器

当我们要连接到某一个网站时，首先必须知道此网站的网址。网址的正式名称为统一资源定位器（URL）。简单地说，URL就是WWW服务主机的地址，用来指出某一项信息所在的位置及存取方式。严格一点来说，URL就是在WWW上指明通信协议并以地址来获得网络上各式各样的服务。用户只要在浏览器网址栏中输入正确的URL就可以获取需要的数据或信息，例如http://www.sina.com.cn就是新浪网站的URL。URL的标准格式为：protocol://host[:Port]/path/filename。其中，protocol代表通信协议或是提取数据的方法，常用的如表7-1所示。

表 7-1　常用的通信协议

通信协议	说　明	范　例
http	HyperText Transfer Protocol，超文件传输协议，用来存取 WWW 上的超文本文件	http://www.sina.com.cn（新浪网）
ftp	File Transfer Protocol，文件传输协议，用来存取服务器的文件	ftp://ftp.tsinghua.edu.cn/（清华大学 FTP 服务器）
mailto	电子邮件（e-mail）服务	mailto://lucky@hotmail.com
telnet	远程登录服务	telnet://bbs.pku.edu.cn（北京大学未名 BBS）
gopher	存取 gopher 服务器的数据	gopher://URL

在URL格式中的host位置可以输入域名（Domain Name）或IP地址；[:port]是端口

号，用来指定使用哪个通信端口。每个主机内所提供的服务都有内定的端口号，在输入URL时，它的端口号与内定端口号不同时就必须输入端口号，否则可以省略。例如，http的端口号为80，当我们输入新浪网的URL时可表示为http://www.sina.com.cn:80/。由于端口号与内定端口号相同，因此也可以省略“:80”，简写为http://www.sina.com.cn/。

7.1.2　Web 发展史

Web从1.0迈入到Web 3.0的每个阶段都有象征的意义与功能，现在对人类生活与网络文明的创新影响越来越大，尤其是Web 3.0，智能更高的网络服务与普及的无线宽带彻底改变了人们工作、休闲、学习、营销与获取消息的方式。

在Web 1.0时代，受限于网络带宽及计算机的功能，Web网站的内容主要是由网络内容提供商所提供的，用户只能单纯下载、浏览与查询。例如，连上某个网站去看公告、查数据，只能被动接受内容或数据，而不能为网站提供任何内容。那个时代是单向提供信息给大众。

在Web 2.0时代，宽带开始普及，上网人数持续增加，其主要宗旨在于鼓励用户参与，让用户参与网站平台内容的产生，如博客（见图7-4）、网页相册等。这个时期带给传统媒体最大的冲击是打破了长久以来由媒体主导信息传播的藩篱。有人总结说：如果Web 1.0时代是下载与阅读，那么Web 2.0时代则是上传与分享。

图 7-4　博客是 Web 2.0 时代相当热门的新媒体创作平台

Web 3.0与Web 2.0的宗旨一样，强调的是任何人在任何地点都可以通过创作和制作来提供自主内容，这就使得各种网络相关产业发生了根本转变。Web 3.0能提供比浏览网页更多的内容，同时还能提供具有人工智能功能的网络系统。随着网络信息的爆炸甚至泛滥，整理、分析、过滤、归纳数据更显重要，网络越来越了解用户的偏好，可以基于不同需求来筛选内容，帮助用户轻松获取感兴趣的内容（见图7-5）。

图 7-5 许多电商网站会根据用户浏览来推荐产品

提　示

人工智能（Artificial Intelligence，AI）的概念最早是由美国科学家John McCarthy于1955年提出的，目标是使计算机具有类似人类学习解决复杂问题与进行思考等能力。凡是模拟人类的听、说、读、写、看以及其他各种动作等的计算机技术都被归类为人工智能的范畴，如推理、规划、解决问题以及学习等能力。

7.2 电子邮件

电子邮件（Electronic Mail，e-mail）就是一种使用文本编辑器所产生的文件。通过因特网连接，可将邮件在数秒内发至世界各地。过去要读取电子邮件还得通过工作站，且必须执行某些特定指令，现在电子邮件的使用已十分盛行，有各种用户代理程序（User Agent）和邮件传输代理程序（Mail Transfer Agent，MTA）代为处理和发送即可，同时Web界面的电子邮箱也逐渐成为一种主流。电子邮件的传送必须通过通信协议才能在因特网上进行传输，常见的通信协议如表7-2所示。

表 7-2　常见的电子邮件通信协议

用　　途	通信协议	说　　明
收信	POP3	Post Office Protocol Version 3，负责提供邮件的下载服务。一般电子邮件多采用此通信协议，收信时会将服务器上的邮件下载至用户的计算机。一般 POP3 的 DNS 地址和用户电子邮件后的 DNS 地址相同。要了解 POP3 的运行过程，最快的方法就是实践一下连接与执行指令，POP3 使用的 TCP 端口为 110，可以在“命令提示符”窗口上使用 Telnet 连上一台提供 POP3 服务的服务器
	HTTP	Web Mail 采用的就是此通信协议，收信时只下载邮件寄件人和标题，等用户打开邮件时才传送完整的邮件内容
	IMAP	类似 HTTP，但不需通过网站服务器，因而处理邮件的速度较快。它是可直接在邮件服务器上编辑邮件或收取邮件的协议，但不太普及。UNIX 的邮件服务器就是采用的此通信协议
	MAPI	微软公司制定的邮件通信协议，必须和 Outlook 搭配使用
发信	SMTP	发送邮件统一采用此通信协议，通常取决于用户上网的 ISP 所提供的邮件服务器地址。SMTP 具有发信的功能，不过用户无法使用邮件代理程序将邮件下载到自己的计算机中，要下载邮件，服务器必须提供有 POP3 服务

电子邮件的运行机制，如图7-6所示。首先，寄件人从自己的计算机使用电子邮件软件发出邮件。电子邮件经寄件人所在的邮件服务器A确认无误后，再通过因特网将邮件送至收件人所在的邮件服务器B。接着，邮件服务器B会将接收到的电子邮件分类至收件人的账号，等待收件人登录存取邮件。收件人在自己的计算机上使用电子邮件软件发送存取邮件的指令至邮件服务器B，在验证用户账号和密码无误后即可开始下载邮件。

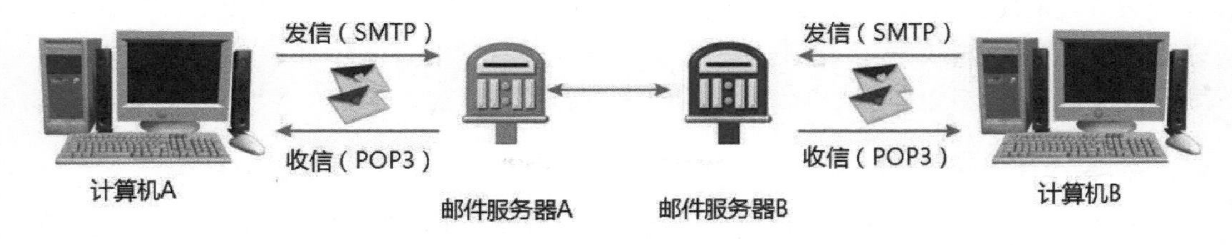

图 7-6　电子邮件运行机制的示意图

目前常见的电子邮件收发方式可以分为两类：POP3 Mail（如微软公司的Outlook）和Web-Based Mail。POP3 Mail是传统的电子邮件信箱，通常由用户的ISP所提供，特点是必须使用专用的邮件收发软件，如电子邮件软件Outlook。Web-Based Mail是在网页上使用的电子邮件服务，具备基本的邮件处理功能，包括写信、寄信、回复邮件与删除邮件等，只要通过浏览器就可以随时收发邮件。Web Based Mail这种电子邮件信箱是目前网络上免费电子邮件（例如Gmail）的主力，特点是使用浏览器来收发邮件，如同浏览网页一样简单，申请好账号后不必进行烦琐的设置工作即可进行邮件的收发；缺点是邮件放在远程计算机主机上集中管理，要阅读邮件一定得先上网。

7.3 远程登录与文件传输服务

1. 远程登录（Telnet）

当处理数据的主机与负责数据输入输出的终端设备不在同一个地理位置时，我们可以采用远程登录的方式来进入系统并完成相应的工作。Telnet（Telecommunications Network Protocol）是远程登录服务的标准协议和主要方式，是一个历史悠久的应用层通信协议，最早可追溯到1969年的ARPNET。

Telnet通过TCP/IP协议来建立客户端（Client）与服务端（Server）的连接，在客户端与服务端各有一个终端驱动程序，每一种操作系统都配备了客户端的终端程序，可以在Windows系统中的“命令提示符”窗口中使用。

（1）Telnet 客户端

进入Telnet程序之后，当用户在键盘上输入字符时操作系统的终端驱动程序会解释这些字符，并将这些操作交由Telnet客户端程序。接着Telnet客户端程序会将这些操作转换为NVT字符集，交由下一层的通信协议TCP与IP，封装成数据包后再传送出去。

（2）Telnet 服务端

服务端的IP层与TCP层处理完各自的信息后会将剩下的信息交由Telnet服务端程序去处理。Telnet服务端程序把其中的操作转换为服务端的终端标准，交给虚拟终端。虚拟终端再根据这些操作来执行客户端所提出的种种请求。

2. 文件传输服务（FTP）

FTP（File Transfer Protocol）是一种常见的文件传输协议，通过此协议，不同计算机系统也能在因特网上相互传输文件。Telnet只使用一个端口进行数据的传输，而FTP要使用两个端口分别进行连接控制与数据传输，连接控制的端口随时保持侦听的状态，以接受用户的连接请求，而数据端口则是在必要的时候执行开启或关闭的操作。

文件传输分为两种模式：下载（Download）和上传（Upload）。下载是从客户端通过因特网提取服务器中的文件，将其存储在客户端的计算机上。上传则相反，是客户端的用户通过因特网将自己计算机上的文件传送到服务器上。FTP使用时最简单的方法就是通过因特网浏览器（例如IE）连上FTP网站，进而寻找需要的文件。需要下载文件时，也可以直接使用IE浏览器把服务器上的文件下载并存储到用户本地的计算机中。

≫ 7.4　点对点模式

早期在网络上下载文件或数据时都是连接到服务器来完成的（见图7-7），若是下载的用户太多或是服务器出现故障，就会造成下载速度太慢或无法下载的问题。

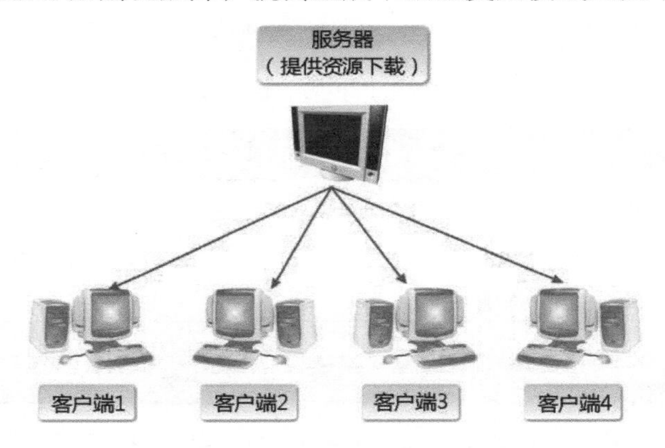

图 7-7　服务器文件或数据的下载方式

点对点（Peer to Peer，P2P）模式让每个用户（客户端）都能提供资源给其他人，也就是通过计算机之间的直接数据交换来进行信息共享服务。P2P网络中每一个节点所拥有的权利和义务是对等的，每一个节点自身都能从连接的其他客户端的计算机下载资源，以此构成一个庞大的网络系统，服务器只提供用户连接的文件信息，并不提供文件下载的服务，如图7-8所示。

P2P模式具有资源运用最大化、直接操作和资源共享的潜力，例如即时通信（Instant Messenger）服务就是一种P2P模式。由于投入开发P2P软件的厂商相当多，且每家厂商实现的方法有所差异，因此形成了各种不同的P2P社群。在不同的P2P社群中，通常只允许用户使用特定的P2P软件，其中文件共享是最主要的一种应用。

P2P是一种点对点分布式网络架构，可以让两台以上的计算机建立连接，P2P软件虽然在使用上有其便利性、高质量与低成本的优势，但是也带来了病毒攻击、商业机密泄露、非法软件下载等问题。在此特别提醒读者，要注意所下载软件的合法信息存取权，不要因为方便且取得容易而侵权。

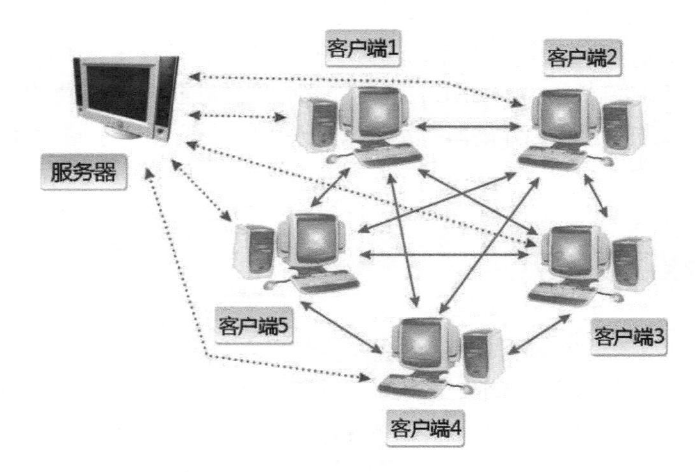

图 7-8 P2P 的下载方式

提 示

比特币是一种不依靠特定货币机构发行的全球通用加密电子货币，是通过特定算法的大量计算产生的一种P2P形式的虚拟货币，可以算是“虚拟资产”且具有支付功能，但是它的合法性备受争议。

提 示

P2P网贷（Peer-to-Peer Lending）是指个体和个体之间通过因特网平台实现的直接借贷。这与传统借贷不同，主要是个人信用贷款，网络借贷成为交易行为的中介。P2P网贷发展迅猛，难免鱼龙混杂，为了规范这个新兴的行业，中国在2019年9月由互联网金融风险专项整治工作领导小组、网贷风险专项整治工作领导小组联合发布了《关于加强P2P网贷领域征信体系建设的通知》，支持在营P2P网贷机构接入征信系统。

≫ 7.5 网络电话

网络电话（IP Phone）是利用VoIP（Voice over Internet Protocol）技术将模拟的语音信号经过数字化与压缩后以数据包的形式在基于IP的数据网络上传输语音的一种通话方式，只要能够连上网就可以拨打电话给同在网络上的任一亲朋好友。VoIP大致可分为PC-to-PC、PC-to-Phone、Phone-to-Phone三种，在PC-to-PC的VoIP软件中著名的当属Skype软件（见图7-9）。

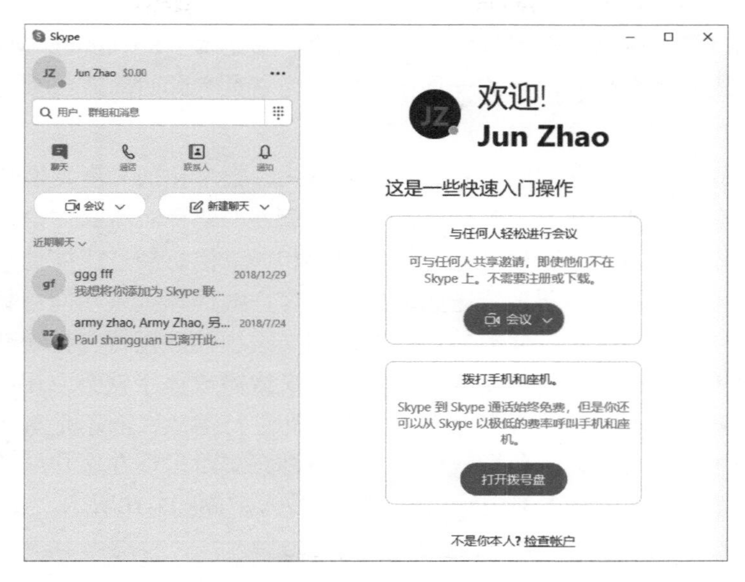

图 7-9　Skype 软件的用户界面

Skype是一套使用语音通话的软件，以因特网为基础，让网络线路两端的用户都可以进行语音通话。通过Skype我们可以与全球各地的亲朋好友或客户进行联络，甚至进行视频会议。最新版的Skype通话质量比以前更好，不会出现语音延迟的现象，要变更语音设备也相当简单，无须重新设置，而且在iPhone、Android以及Windows Phone等智能手机上都可以使用。

要想使用Skype网络电话，通话双方就必须有计算机并安装Skype软件，而且要有麦克风、耳机（或音箱）或USB电话机；如果想要看到视频，就必须有网络摄像机（Web CAM）和高速的宽带连接。要使视频的效果更佳，计算机最好配备主频2.0 GHz或以上的双核处理器。目前的Skype功能可以与Messenger上的好友一同在Skype畅谈，也就是说可以用Messenger ID登录Skype软件，同时与Skype、Windows Live Messenger、Outlook及Hotmail上的联络人进行实时通信和视频通话。另外，Skype还支持多方视频通话（最多10人），对于举办异地会议或跨域性活动来说是相当不错的选择。

≫ 7.6　流媒体技术

传统的网络影音传输往往受限于网络带宽，直接在网络上播放视频时常常会遇到画面不流畅或画质粗糙的问题。面对这种情况，通常只能先将文件完整下载，存放到用户本地计算机的硬盘中。这样的话除了要占据硬盘空间外，还必须等待一段下载时间，唯一的优点就是可以观赏到较好画质的视频。流媒体（Streaming Media）技术正是为了解决上述问题而研发出来的一项技术，因为它具有即时播放与锁定特定对象传播的特性。

网络影音流媒体技术正在颠覆我们的生活方式，数字化的高度发展打破了过往电视媒体资源稀有的特性，正在为观众提供电视频道外的选择。流媒体是近年来热门的一种网络多媒体传播方式，原理是把连续的视频和声音信息经过压缩处理后分解成许多小数据包，再将数据流不断地传送到客户端。客户端计算机采用网络数据包重组技术，同时建立一个缓冲区，将播放前预先下载的一段视频数据暂存在缓冲区中。当网络实际的数据传输速度小于视频播放速度时，流媒体播放程序就会取用缓冲区内的一小段数据（也就是在收到部分视频文件的内容后即进行播放，而不是等到整个视频文件都传输完毕才开始播放，避免播放中断），将视频实时呈现在客户端的屏幕上。中央电视台很多频道的网上直播都是使用的流媒体技术，如图7-10所示。

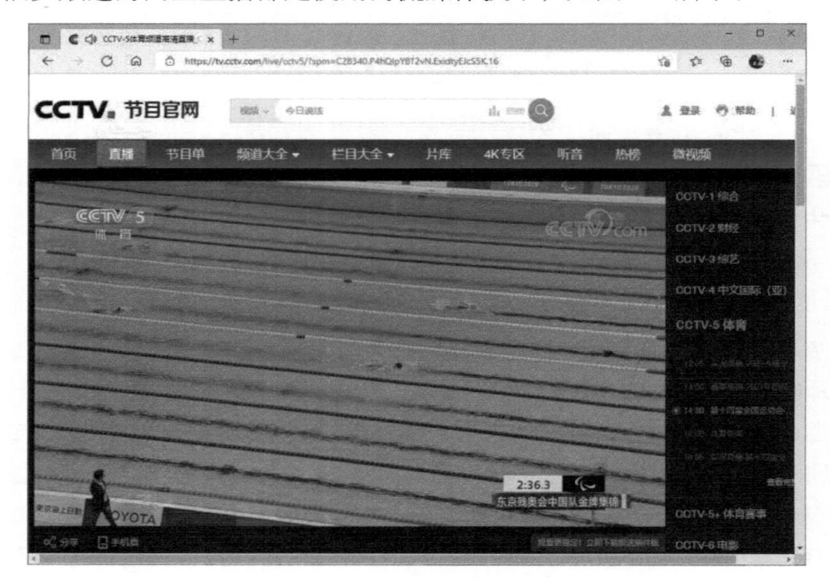

图 7-10　采用流媒体技术进行直播

用户可以按照网络带宽的大小选择不同视频画质进行播放，完全不需要等整个视频压缩文件下载到自己的本地计算机后再观看。目前一些流媒体厂商都开发了自有的格式，以符合流媒体传输的需求，包括微软公司的WMV、WMA、ASF，RealNetwork公司的RM、RA、RAM，以及Apple公司所推出的MOV文件格式等。

网络电视（Internet Protocol Television，IPTV）利用机顶盒（Set Top Box，STB）来通过因特网实现视频节目的直播，是利用流媒体技术的一种典型应用，可以让用户在任何时间、任何地点任意选择节目。例如，爱奇艺（见图7-11）就是中国著名的在线视频平台之一。此外，网络电视的终端设备还可以是计算机、电视、智能手机、信息家电等各种多样化的平台，不过视频播放的画质高低还是会受网络服务和设备性能的限制。

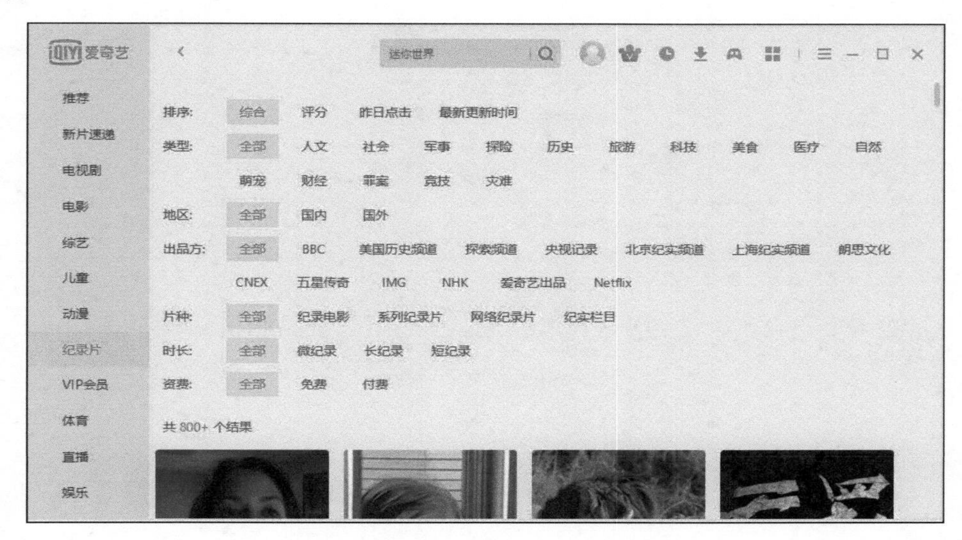

图 7-11　在线视频平台——爱奇艺

【课后习题】

1. 试说明URL的含义。
2. 文件传输分为哪两种模式？
3. 什么是网络电话？
4. 试评论P2P软件的优缺点。
5. 简述流媒体技术的原理。

第 8 章
认识 DNS 及其架构

在今日的网络世界中，IP地址提供了网络设备连接至网络所必需的逻辑地址，虽然IP地址是由一连串的数字所组成的，但是这样的数字并不适宜人类记忆。为了方便IP地址的记忆与使用，直接以实际的英文缩写名称来取代连接指定主机的IP地址。例如，使用www.baidu.com这样的域名（Domain Name）就可以得知这是用来连接至百度的网站。

8.1　DNS 简介

如果我们想连接到百度的网站，请问以下两种地址哪种较容易记忆？

```
39.156.66.14
www.baidu.com
```

后者的网址指定方式采用的是域名（Domain Name），它的解读方式是从后往前，都是以英文缩写来代表的，com代表公司或企业，baidu代表百度公司，www表示此网站所提供的是万维网服务，这样的名称不仅具有实际含义还容易记忆。要将这个名称转换为实际的IP地址就必须通过DNS服务器（Domain Name Server，域名服务器）的转换。在今日的因特网上，有相当多提供这种服务的服务器正在运行。

8.1.1　完全限定的域名

为了表示因特网上的一个主机地址，我们通常会以所谓的完全限定的域名（Fully Qualified Domain Name，FQDN也被称为完全合格的域名、全域名）来表示。它主要由主机名、域名及“.”符号所组成。如果名称不包括“.”，则被称为部分限定的域名（Partially Qualified Domain Name，PQDN）。下面说明FQDN与PQDN的区别：

```
www.sina.com.cn.    FQDN（以“.”作为结束）
www.sina.com.cn     PQDN（没有以“.”作为结束）
```

以www.sina.com.cn.（新浪网）这个完全限定的域名为例，www表示Web服务器的主机名；sina、com和cn都表示Web服务器所在的域名（DNS采用分层结构）。另外，在各个分层域名的后面必须加上“.”，如此才算是一个完全限定的域名。

大家可能立刻会有一个疑问，最后一个“.”是做什么用的？最后这个“.”代表DNS架构中未命名的根域（Root Domain）。我们平时输入网址名称时并不会输入最后一个“.”，这是因为网络应用程序通常会适时地为我们补上，使之成为一个完全限定的域名（FQDN）；一个FQDN包括“.”在内最长不得超过255个字符，而且主机名或域名也不得超过63个字符。

上述方法在早期因特网上连接的计算机总数量还不多、域名系统还没出现之前就已经在使用，当时是由斯坦福研究协会（Stanford Research Institute，SRI）提出的单层名称空间，其做法只是在计算机中编辑一个Host文件（Host file），包括了计算机的IP地址与计算机的名称，每台计算机如果要进行完全限定的域名与IP地址的对应，就必须拥有自己的Host文件。Host文件的格式如下：

```
39.156.66.14   www.baidu.com.
```

每台连接网络的计算机如果要将计算机名称解析为IP地址，就必须下载Host文件。若要添加计算机名称，就必须通知SRI更新Host文件，再重新下载新版本的文件。这种方法放在如今的网络规模中，会有以下两个问题。

（1）名称重复与版本问题

对于非分层式的文件管理方式，随着主机数量的增加，主机名称重复的问题将无可避免。另外，如果要添加或删除计算机名称，那么所有的计算机都必须更新Host文件，否则容易发生版本不一的问题。

（2）耗费网络资源

每次更新Host文件之后，所有的主机都必须下载更新后的文件，以今日巨大的主机数量来看，更新Host文件势必耗费惊人的网络资源。

为了解决以上两个问题，在后来网络的发展过程中提议以分层式的名称管理方式来管理计算机名称。在RFC 1034文档与RFC 1035文档中描述了今日所使用的DNS服务，它采取分布式数据库的方式来存储计算机名称与IP地址的对应，网络上的所有计算机都可以向DNS服务器查询以获得对应的IP地址。

8.1.2 域名

我们知道在网络上辨别计算机节点的方式是利用IP地址，而IPv4的地址共有四组数字，很不容易记。我们可以使用一个有实际含义又容易记忆的名字来命名，这个名字就被称为域名（Domain Name，DN）。域名是以一组英文缩写来代表以数字为主的IP地址。其中，负责IP地址与域名转换工作的计算机被称为域名服务器（Domain Name Server，DNS）。域名属于分层的树状结构，共包含四个部分：

主机名.机构名称.机构类别.国家或地区名称

例如，新浪网的域名及其说明如下：

域名中各组成部分的具体含义如表8-1所示。

表 8-1　域名的组成部分及说明

组　　成	说　　明
主机名	主机在因特网上所提供的服务种类名称。例如，提供服务的主机，域名中的主机名就是 www，如 www.baidu.com；提供 BBS 服务的主机，开头就是 bbs，如 bbs.pku.edu.cn
机构名	这个主机所代表的公司行号、机关的简称。例如，bai（百度）、microsoft（微软）
机构类别	这个主机所代表单位的组织代号。例如，www.baidu.com，其中 com 就表示一种商业性组织
国家或地区名	这个主机所在国家或地区的简称。例如，www.sina.com.cn（新浪网），其中的 cn 就代表中国

每一个域名都必须是唯一的，不能重复，因此每一个域名都需要经过申请才能使用，国际上负责审核域名的机构是因特网名称与数字地址分配机构(Internet Corporation for Assigned Names and Numbers，ICANN)，在中国负责审核的机构是中国网络信息中心(China Internet Network Information Center，CNNIC)。

CNNIC提供许多不同域名的申请，包括：

- 英语网站域名（.com.cn、.net.cn、.org.cn、.game.cn、.club.cn、.ebiz.cn、.idv.cn）
- 中文域名（.中国、.公司、.网络）

我们可以到中国网络信息中心的网站去查查我们心怡的域名是否被注册了，以进一步选择申请适合我们的机构或公司的域名，如图8-1和图8-2所示。

至于如何快速、正确地申请域名，可以参考域名注册管理中心的页面说明，如图8-3所示。

图 8-1 http://www.cnnic.cn/

图 8-2 http://www.cnnic.cn/jczyfw/CNym/

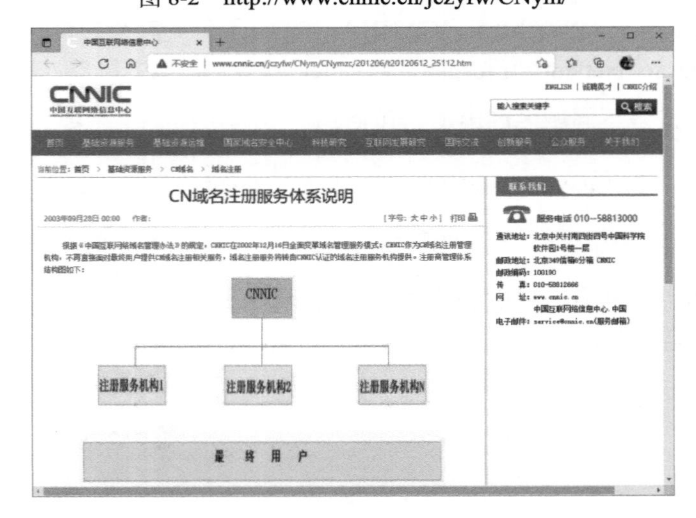

图 8-3 http://www.cnnic.cn/jczyfw/CNym/CNymzc/201206/t20120612_25112.htm

8.2 DNS 架构说明

当主机以完全限定的域名（FQDN）请求DNS服务器查询对应的IP地址时，这个操作称为正向名称查询（Forward Name Query），而DNS服务器进行查询的操作就称为正向名称解析（Forward Name Resolution）。今日网络上的主机数量多如过江之鲫，如果将所有的查询工作交由一台DNS服务器来负责，那么对于这台服务器来说绝对是很大的负担，并且客户端也需要花费很长时间来等待查询。万一这台主机故障，就会使所有的计算机都无法连接到各个主机。因此，DNS应由许多网域组成，在建构时采取分层的管理方式，在架构中每一个节点代表一个卷标（Label），卷标中包括一个域名（Domain Name，或称为网域）。

域名表示DNS树形架构中的一棵子树，每个节点都可以定义一个域名，每个域名下又可分成数个子域名。目前DNS的分层架构基本上分为4层：根域名（Root Domain）、顶级域名（Top Level Domain）、第二级域名（Second Level Domain）与主机（Host），如图8-4所示（第二级域名之下是主机，图中略）。

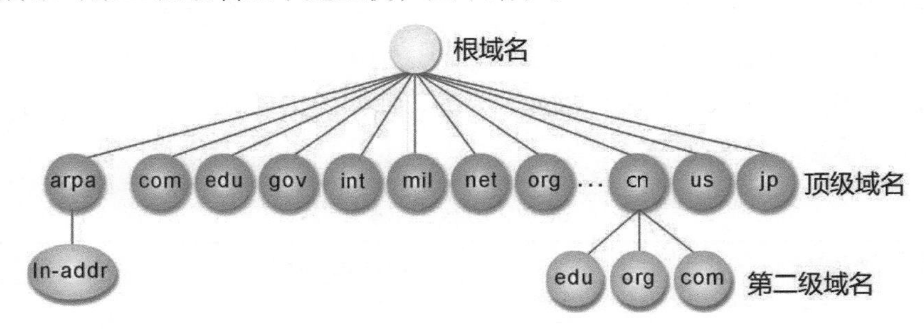

图 8-4　DNS 的分层架构

8.2.1　根域名

根域名（Root Domain）为DNS最上层未命名的域名，也就是一个空字符串，当下层的DNS无法对应到某个名称时可寻求根域名的协助，它会由上往下找寻主机名。如果该主机确实有登记，就一定找得到相对应的IP地址。因特网上目前有13个根域名服务器，根域名服务器以英文字母A到M按序命名，被分散到网络不同位置，其名称为A.ROOT-SERVERS.NET到M.ROOT-SERVERS.NET，存储顶级域名的相关信息。

8.2.2 顶级域名

DNS采取树形分层式的域名空间（Domain Name Space）来管理所有的计算机名称，每个分支或节点都代表了一个已命名的网域。从横向来看，顶级域名（Top Level Domain）可以分为国家或地区域名、普通域名和反向域名，如图8-5所示。

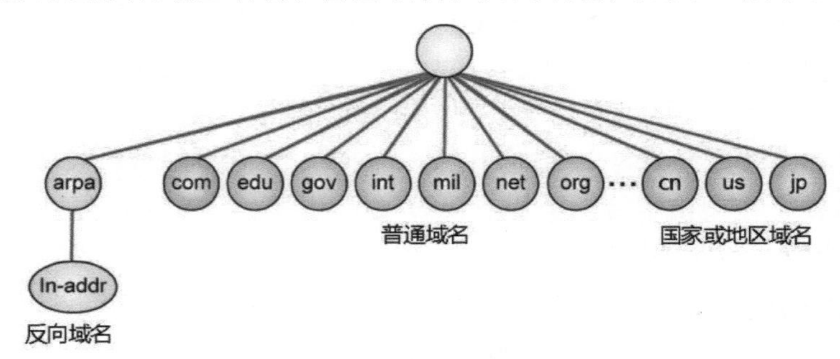

图 8-5 DNS 的横向区分图

1. 国家或地区域名

两个字符的域名就是国家或地区域名，以国家或地区的缩写为主，是根据ISO 3166文档中所制定的国家或地区代号来区分的，例如美国是us、中国是cn。国家或地区域名的范例如表8-2所示。

表 8-2 域名示例

国家或地区名称代号	国家或地区名称
cn	中国
us	美国
fr	法国
ca	加拿大
jp	日本

2. 普通域名

三个字符的域名是普通域名，也被称为gTLD（Generic Top Level Domain），主要以组织的性质来作为命名的方式，所以又被称为组织域名（Organization Domain）。普通域名是按组织的性质来区分的，包括商业组织（com）、教育机构（edu）、政府机构（gov）、网络机构（net）等。表8-3所显示的只是最初所制定的7个领域域名，这部分名称必须经由ICANN审核才能够合法使用，而ICANN也会视实际需要提出一些新的名称。随着时代的演进，还会陆续增加许多新的名称。

表 8-3　最初的 7 个领域域名

名　　称	说　　明
com	商业组织，例如 www.baidu.com
edu	教育单位，例如 www.pku.edu.cn
gov	政府机构，例如 www.beijing.gov
int	国际组织，例如 www.who.int
mil	通常用于美国军事组织
net	网络管理、服务机构，例如 www.internic.net
org	财团法人、基金会等非官方机构，例如 www.wto.org

3. 反向域名

反向域名主要用来以IP地址反向查询域名。在某些情况下，主机需要以IP地址来反查询主机的域名，这个操作被称为反向名称查询（Reverse Name Query）。服务器响应查询的操作就被称为反向名称解析（Reverse Name Resolution）。

反向域名可以获取指定IP地址对应的主机名称，在查询时采用与一般查询相同的消息格式，不同的是所查询的是一个逆向查询指针记录（Pointer Record，PTR）。在主机名被创建后，在arpa顶级域名下的in-addr域名会有一份对应的IP地址，也就是它是从arpa（起源于ARPANET）这个顶级域名开始的，而第二个节点为in-addr，表示反向地址，接下来的分层是网络标识码、主机标识码。以130.8.112.140为例，它对应的架构如图8-6所示。当进行反向查询时，名称从架构的最底层开始写起，所以得到的名称为130.8.112.140.in-addr.arpa。

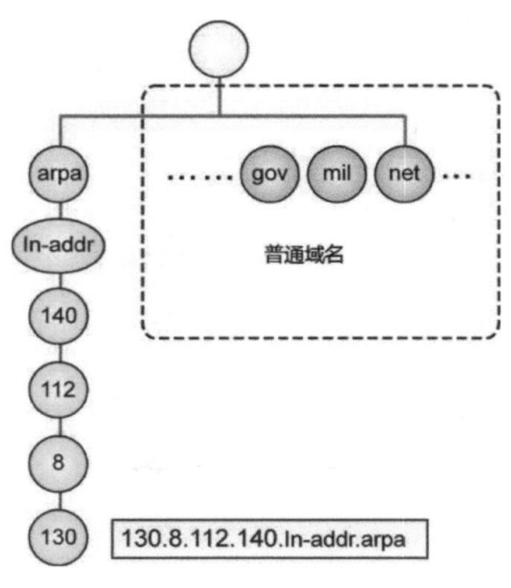

图 8-6　反向域名对应的架构图

8.2.3 第二级域名

第二级域名（Second Level Domain）分别属于各自顶级域名的管理之下，例如在中国域名下会有政府机构、商业组织等网站，以org.cn、com.cn来命名。这一级域名开放给所有的用户申请，但是名称不得重复，这也是DNS系统中最重要的部分。虽然域名可以自行命名，但是限制同一级域名不得有相同的名称。

8.2.4 主机

主机（Host）属于第二级域名之下的名称，用户可以向各个域名的管理员申请所需的主机名，或继续往下分为更多的域名。网络管理人员可以自行规划与命名，但同一级域名内的主机名仍不得重复，域名最多不得超过255个字符。例如www.abc.com.cn或mail.abc.com.cn等，只要在同一级域名的主机名不重复即可。如果有需要，还可以自行划分子域名。例如，在abc.com.cn这个域名下，还可以划分出子域名给各个部门使用，比如划给销售部门使用的子域名sales.abc.com.cn，如果在此子域名下有台主机名为justin，则该主机的域名可以是justin.sales.abc.com.cn。

≫8.3 DNS区域管理

在DNS的树形架构中，虽然每一个节点都有DNS服务器来负责该域名的地址对应，但是实际上DNS服务器并不是以域名为单位来进行管理的，而是以区域（Zone）为实际管理单位的。简单来说，区域才是DNS服务器的实际广辖范围。区域的概念与域名包含的网域略有不同，区域是每个DNS服务器真正管理的范围，可以视为DNS服务器所管理下一层的主机范围，并没有下一层子域名。当节点以下不再划分子域名时，区域大小就等于域名包含的网域大小。换言之，区域可能小于或等于域名包含的网域，但绝不能大于域名包含的网络，如图8-7所示。

在划分区域管理时，两个区域间必须是互相邻接（Contiguous）的节点或有上下层直接隶属关系（上下层直接连接），否则不能划分为同一个区域来加以管理，如图8-8所示。

左边区块2与右边区块1没有邻接且非上下层隶属关系，因而不能形成一个区域。

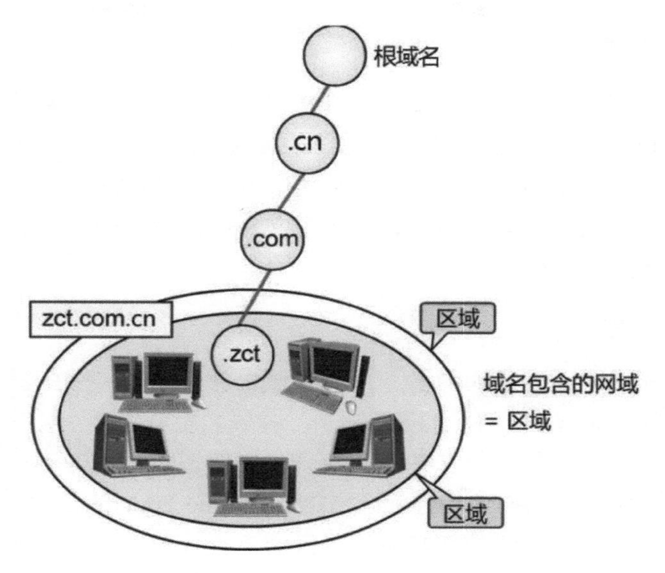

图 8-7　区域和域名包含的网域

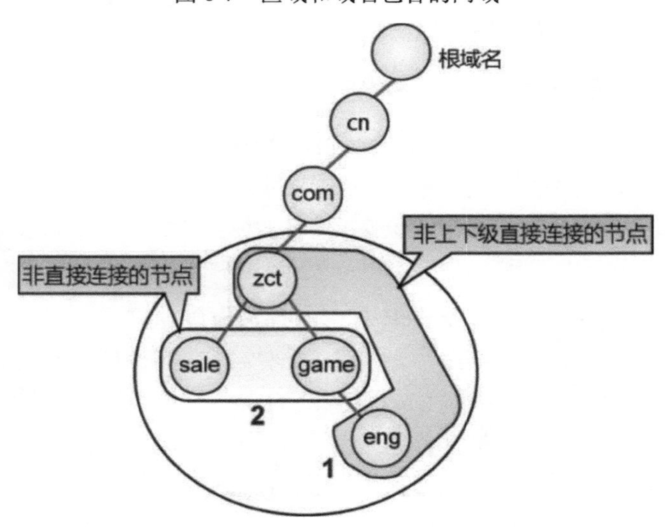

图 8-8　无法划分到一个区域进行管理的示意图

一个域名中的信息被分为多个区域（Zone）单元（DNS的主要复制单位），每个区域必须由一台服务器加以管理。为了避免DNS服务器故障导致无法进行域名解析的操作，一个区域的数据可以由多台DNS服务器来维护，这些服务器按照功能可分主域名服务器（Primary Name Server）、辅域名服务器（Secondary Name Server）与高速缓存专用服务器（Cache Only Server）。

1. 主域名服务器

主域名服务器（Primary Name Server）负责管理区域内所有计算机的名称，并记录在区域文件（Zone File）中。它是其他域名服务器的数据源，一个区域内只能有一台唯一的主域名服务器。当以后这个区域内的对照数据有所变动时，也会直接更新此文件中的内容，以保持最新的状态。另外，在这个文件中的对照数据内容也会提供给区域内其他辅域名服务器进行复制。

2. 辅域名服务器

通常为了安全性与性能上的考虑，每个区域中除了主域名服务器之外，至少会有一台辅域名服务器（Secondary Name Server）。辅域名服务器的主要工作就是定时向主域名服务器进行区域文件的复制，并存储为只读文件。它本身并不负责直接修改区域文件，这个复制区域文件的操作被称为区域传送（Zone Transfer）。通常为了避免主域名服务器故障而导致整个网络的DNS无法运行会设置一台或一台以上的辅域名服务器，在主域名服务器出现故障时，区域内的主机还可以向辅域名服务器进行查询，必要时辅域名服务器也可以提升为主域名服务器。

3. 高速缓存专用服务器

高速缓存专用服务器（Cache Only Server）本身并不管理任何区域，它的作用有点类似于Proxy服务器，当用户向它提出查询请求时，它会向指定的DNS服务器进行查询，除了将查询结果返回给用户之外，还会在自己的缓存内留有一个备份，下次若有相同的查询，就可以在缓存中找到，而不用再向其他服务器查询。

高速缓存专用服务器虽然方便，但是它本身是靠创建区域文件来存储这些对照数据的，所以当服务器关机时会将缓存数据全部清除。在高速缓存专用服务器使用的初期，由于每次查询都需要寻求指定DNS服务器的支持，因此查询效率较低。假如两家公司地域上位于南北两端，但是在网络上属于同一个区域，主域名服务器位于北部，辅域名服务器位于南部，则每次进行区域传送时势必花费不少网络流量，此时南部公司若能采用高速缓存专用服务器，则可减少花费在区域传送上的网络流量。

≫ 8.4 DNS 查询的运行原理

当我们在浏览器的网址栏上输入网站的域名时，操作系统会对此域名进行域名与IP地址的解析，或者进而向指定的DNS服务器进行查询，其过程如图8-9所示。

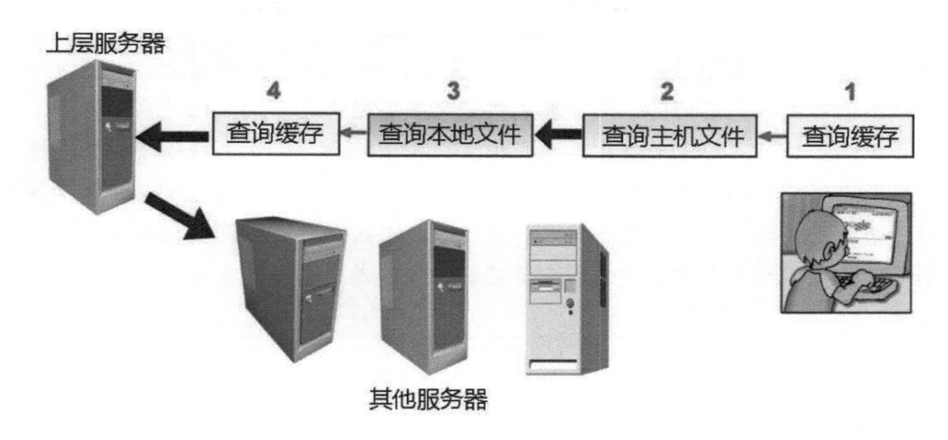

图 8-9　DNS 查询的运行原理

（1）用户向区域的DNS服务器发出查询请求。为了避免每次连接上其他主机时都要向DNS服务器进行查询，域名解析程序会先检查本机的缓存，如果找到对应的IP地址就传给浏览器，否则继续进行下一步的查询。

（2）如果在本机缓存中找不到对应的数据，就会接着在本机上的Host文件中查询。如果在本机的Host文件中找到对应的数据，则直接将查询结果传回给浏览器，并在操作系统的缓存中留下一个备份。如果还是找不到，就继续向本机指定的DNS服务器进行查询。

（3）DNS服务器会先检查这个域名是否为管辖区域内的域名，如果是就查询区域文件中的对照数据，并将查询到的数据传回客户端。如果查不到，或者根本不在该DNS所管辖的区域内，就继续进行下一步的查询。

（4）在区域文件内找不到对应的数据，则会转向DNS服务器的缓存查询，看看是否有先前查询过的记录。如果查询到对应的IP地址，就会在响应的消息上加注记号，以告知客户端这个记录来于服务器的缓存而不是区域文件中的内容。如果还是没有找到，就会转向上层服务器或其他指定的服务器来查询。

（5）如果上面的步骤都查不到对应的数据，那么DNS服务器会转向上层的DNS服务器去查询，进入服务器与服务器间的查询，也有可能会逐层转发到根域名层。不过有些DNS服务器设置有转发程序，不会将查询转给上层服务器去处理，而是转给其他指定的服务器。

提　示

虽然我们可以往上层的DNS服务器或根域名服务器进行查询，但是基于时间、带宽等效率上的考虑，也可以直接设置转发程序（Forwarder）来提供不同的选择。当我们在区域中的DNS服务器上查询不到对照的数据时，可以通过转发程序将查询请求转发到指定的DNS服务器进行查询，这个服务器通常具备较丰富的数据。如果还是查不到才会向根域名服务器进行查询，或是直接回报客户端查询无果的消息。

8.4.1　递归查询

每次解析主机名与IP地址都必须向根域名一级进行查询的话，不仅速度慢还耗费网络资源，所以采取分布式的数据库管理。

一般而言，当DNS客户端向DNS服务器请求进行DNS域名解析时，大多会采用递归查询（Recursive Query）的方式，一旦DNS客户端向DNS服务器提出递归查询，就会先判断DNS服务器本身是否有足够的信息直接回答该查询。如果有，就直接响应所解析的IP地址。该DNS服务器无法应付这项查询时才会向上层的DNS服务器进行查询，查询到IP地址后再逐层回报每一层DNS服务器，直至消息回报给客户端为止。如果其他DNS服务器也无法解析这项查询，就会告知客户端这项查询失败，找不到对应的IP地址。DNS递归查询运行示意图如图8-10所示。

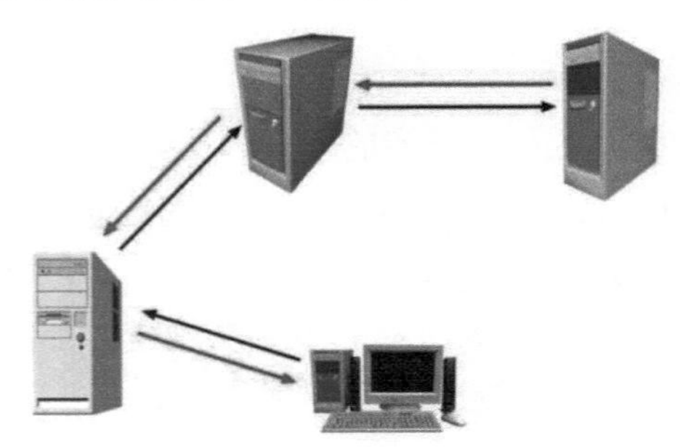

图 8-10　DNS 递归查询运行示意图

目前因特网上有13个根域名服务器，下层的DNS服务器无法将名称解析为IP地址时就会向根域名服务器查询。

8.4.2　迭代查询

迭代查询（Iterative Query）主要应用于服务器与服务器之间的查询，所查询的数据不在服务器的记录中时，服务器则会告知客户端管辖该网域的DNS服务器的IP地址，而由客户端自行向该管辖网域的DNS进行查询，每个DNS服务器在查询不到时都会告知上层DNS的地址，如此迭代查询直至找到对应的地址为止，如图8-11所示。这种查询方式就像两个人反复对话一样，一问一答，直至得到最后的IP地址或得到无法解析该域名的答复。

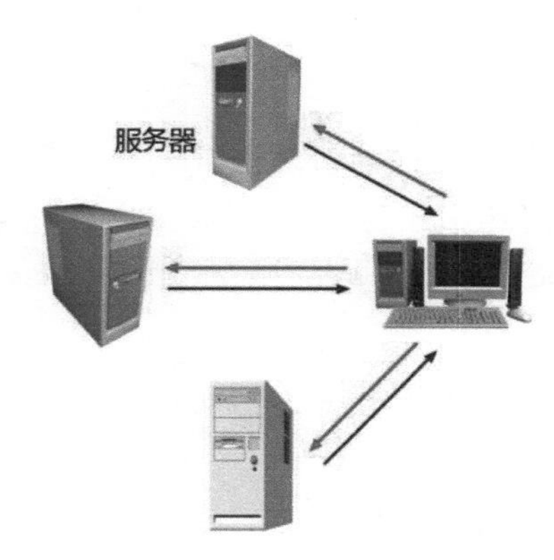

图 8-11　DNS 迭代查询的示意图

我们举一个例子来进行说明，如果DNS客户端向DNS服务器提出www.sina.com.cn的域名解析时，指定的DNS服务器无法解析此域名的IP地址，那么这时该指定的DNS服务器就会向根域DNS服务器询问是否有能力解析www.sina.com.cn。根域DNS服务器回答：这台主机名是.cn下的域名，请向管辖.cn域名的DNS服务器查询，并同时将管辖.cn域名的DNS服务器的IP地址告知该指定的DNS服务器。

指定的DNS服务器收到这条响应消息后会向管辖.cn域名的DNS服务器询问是否有能力解析www.sina.com.cn，接着管辖.cn域名的DNS服务器就会回答：这台主机名是com.cn下的域名，请向管辖.com.cn域名的DNS服务器查询，并同时把管辖.com.cn域名的DNS服务器的IP地址告知该指定的DNS服务器。

同样地，指定的DNS服务器收到这条响应消息后会向管辖com.cn域名的DNS服务器询问是否有能力解析www.sina.com.cn，接着管辖com.cn域名的DNS服务器就会回答：这台主机名是.sina.com.cn下的域名，请向管辖.sina.com.cn域名的DNS服务器查询，并同时将管辖.sina.com.cn域名的DNS服务器的IP地址告知该指定的DNS服务器。

以这样的迭代查询方式指定的DNS服务器继续向.sina.com.cn域名的DNS服务器询问是否有能力解析www.sina.com.cn，接着管辖sina.com.cn域名的DNS服务器就会回答：这台主机名是在www.sina.com.cn下的域名，请向管辖www.sina.com.cn域名的DNS服务器查询，并同时把管辖www.sina.com.cn域名的DNS服务器IP地址告知该指定的DNS服务器。

指定的DNS服务器收到这条响应消息后会向www.sina.com.cn域名的DNS服务器询问是否有能力解析www.sina.com.cn，接着管辖www.sina.com.cn域名的DNS服务器就会将www.sina.com.cn所对应的IP地址回报给该指定的DNS服务器。如果经过这样的迭代查询还是无法将www.sina.com.cn解析成IP地址，就会告知该指定的DNS服务器找不到www.sina.com.cn的IP地址。至此，完成了整个迭代查询的流程。

8.4.3 资源记录

区域（Zone）内所创建的数据称为资源记录（Resource Record，RR）。当我们创建一个区域时，DNS服务器会自动产生一个区域文件，它会以所创建的区域名称作为文件名，比如区域名称为abc.com.cn，则区域文件名为abc.com.cn.dns。区域文件主要提供以下信息：

- 所有者（Owner）
- 时间限定
- 类别（Class）
- 类型（Type）
- 特定记录数据（Record-specific Data）

资源记录的常见类型如表8-4所示。

表 8-4 资源记录的常见类型

类　型	说　明
SOA	SOA（Start of Authority，起始授权机构）是资源记录文件的第一条记录，用来设置DNS 名称、管理员信息、更新时间、序号等
NS	NS（Name Server，域名服务器）用来设置管理此区域的 DNS 服务器名称，也就是记录服务器的域名与 IP 地址。如果此区域中有主 DNS 服务器与辅 DNS 服务器，则可以同时设置在记录中
MX	MX（Mail Exchanger，邮件交换器）用来设置多个邮件服务器。一个区域中可以设置多个邮件服务器，不过必须加上优先级编号。数字代表使用服务器的优先级顺序，越小表示优先级越高。如果有人发信给这个区域的用户 just@abc.com.cn，则 DNS 服务器会告诉邮件服务器将邮件优先转往 mail1.abc.com.cn，若无法送达，再尝试转往mail2.abc.com.cn
A	主要用于设置主机名所对应的 IP 地址，其中 A 代表地址
CNAME	Canonical Name 表示别名设置，用来为某一台主机设置别名。一台主机可以设置多个别名

（续表）

类　型	说　明
PTR	Pointer（查询指针）在 A 类型中可以设置主机名所对应的 IP 地址；PTR（逆向查询指针）正好相反，用于设置 IP 地址所对应的主机名，也就是逆向查询
HINFO	主机信息（Host Information）用来设置主机软硬件的相关信息

≫ 8.5　DNS 数据包的内容与格式

DNS数据包主要用于客户端与服务器或服务器与服务器之间的数据传送。DNS服务在TCP/IP模型中属于应用层（Application Layer），往下到达传输层（Transfer Layer）时使用UDP协议进行数据包的传递。如果查询的内容过多，就可以使用TCP协议（不论使用TCP还是UDP协议通信端口号都是53）。DNS的数据包除了报头为固定长度12字节之外，其他的部分都是可变动的，会视实际需要而增减。如果只是向DNS进行查询，就只会出现查询部分（Question Section）的信息。一个完整的DNS数据包如图8-12所示。

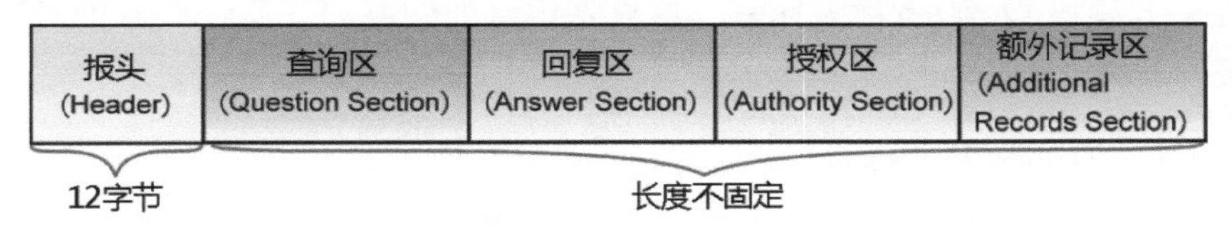

图 8-12　完整的 DNS 数据包的组成

8.5.1　报头

在DNS数据包中，报头的总长度是12字节，其他部分是所查询或回复数据的摘要信息，也就是变动长度部分的摘要内容，4个变动长度部分并不是每次都会出现，而是视实际需要而定的，如果只是向DNS进行查询，就只会出现查询区（Question Section）的信息。DNS报头的字段内容如图8-13所示。

查询标识 （16位）	标志 （16位）
查询计数 （16位）	回复资源记录计数 （16位）
授权资源记录计数 （16位）	额外资源记录计数 （16位）

图 8-13　DNS 报头的字段及其格式

1. 查询标识（Query Identifier）

长度为16位，又被称为Query ID或Transaction ID，用来记录DNS的数据包编号，是客户端在查询数据包发出前自动产生的。DNS服务器回复时会将响应数据包加上同样的编号，客户端接收到数据包后就可以据此判断是哪一个查询数据包的响应。

2. 标志（Flag）

长度为16位，用于定义不同类型的查询服务，通过此字段可以判断是查询数据包、回复数据包、查询种类还是返回差错消息等。

标志字段定义了不同类型的查询服务，还可以分为8个子字段，如图8-14所示。

QR（1位）	Operation Code（4位）	AA（1位）	TC（1位）	RD（1位）	RA（1位）	Reserved（3位）	Return Code（4位）

图 8-14　DNS 数据包中 Flag 字段的内容

有些书上只将AA到RA称为标志，这只是定义的问题。下面我们分别说明这些字段所代表的意义。

（1）QR（Request/Response）

长度为1位，由0x0和0x1分别表示发出的数据包为查询数据包（Request）或响应数据包（Response）。

（2）Operation Code

长度为4位，用来识别数据包的查询请求，各个对应的数值如表8-5所示。

表 8-5　Operation Code 对应的查询请求

数　值	查询请求
0x0	标准查询(Standard Query)，包括正向查询(Forward Query)与逆向查询(Reverse Query)
0x1	倒置查询（Inverse Query）
0x2	服务器状态查询（Server Status Request）
0x3	保留

倒置查询也是一种逆向查询机制，现在已被逆向查询所取代。

（3）AA（Authoritative Answer）

授权应答，长度为1位。在响应数据包中设置，用于指定查询数据包中的主机是否为该DNS服务器所管辖的范围：0为默认值，表示主机不在管辖范围；1表示主机在管辖范围内。

（4）TC（Truncation）

截断，长度为1位。如果数据包长度超过最大长度限制（例如超过512字节），就设置为1，表示数据包内容可能不完整（只有回复区的512字节）。

（5）RD（Recursion Desired）

递归请求，长度为1位。设置为1时采用递归查询（Recursion Query），设置为0时采用迭代查询（Iterative Query）。

（6）RA（Recursive Available）

长度为1位，用于设置DNS服务器是否可处理递归查询，设为1时表示可处理，设为0时表示无法处理。

（7）Reserved

保留位，长度为3位，全部设为0。

（8）Return Code

返回代码，长度为4位，分别表示DNS查询的各种结果。各个代码所对应的含义如表8-6所示。

表 8-6　Return Code 各值对应的结果

数　值	说　明
0x0	查询成功
0x1	数据包格式错误
0x2	服务器错误
0x3	查询的主机名不存在
0x4	不接受所请求的查询方式（Operation Code 中所设置的方式）
0x5	服务器拒绝处理此数据包

3. 查询计数（Question Count）

长度为16位，用于记录DNS数据包查询的次数。

4. 回复资源记录计数（Answer RR Count）

长度为16位，用于记录DNS数据包回复的次数。

5. 授权资源记录计数（Authority RR Count）

长度为16位，用于记录DNS数据包授权的次数。

6. 额外资源记录计数（Additional RR Count）

长度为16位，用于记录DNS数据包额外记录的次数。

8.5.2 查询区

查询区是DNS数据包的查询部分，包括如图8-15所示的三部分。

查询名称 （长度不固定）	查询类型 （16 位）	问题级别 （16 位）

图 8-15 DNS 数据包的查询部分

查询名称（Question Name）的内容为所要查询的主机名，长度不固定，每个标签（Label）之前会以一个字节记录标签的字符数。由于标签的长度限制为63个字符，因此此字节最大值限制为63，最后补上一个0，代表查询名称的结尾。示例如下：

3	www	3	abc	3	com	3	cn	0

查询类型（Query Type）长度为16位，表示要查询资源记录中的哪一个数据，在RFC 1035文档中有详细的记录。查询类型字段常用的数值如表8-7所示。

表 8-7 查询类型字段的常用数值

数　值	说　明
0x01（1）	查询 IP 地址
0x02（2）	查询 NS 名称
0x05（5）	查询 CNAME 名称（别名）
0x0C（12）	查询 PTR（Point）名称（逆向查询）
0x0D（13）	查询 HINFO（Host Information，主机信息）
0x0F（15）	查询 MX（Mail Exchanger，邮件交换器）
0xFF（255）	查询所有的 RR（Resource Record，资源记录）

查询级别（Query Class）表示要设置在哪一类网络上进行查询，字段值固定为0x1，表示查询IN（Internet）类网络。

8.5.3 回复区

回复区使用的字段格式被称为资源记录（Resource Record），由Authority Section、Additional Records Section共享，格式如图8-16所示。

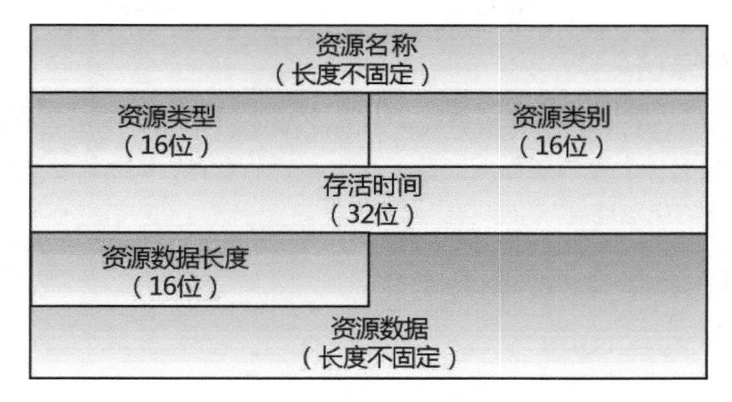

图 8-16　资源记录的格式

1. 资源名称（Resource Name）

长度不固定，存放查询的主机名（格式为FQDN，即完全限定的域名），相当于查询区的查询名称字段。

2. 资源类型（Resource Type）

长度为16位，存放查询的资源记录类型，相当于查询区的查询类型字段。

3. 资源类别（Resource Class）

长度为16位，存放查询的网络类别，相当于查询区的查询级别字段。

4. 存活时间（Time to Live，TTL）

长度为32位，用来设置数据在DNS服务器缓存中的存活时间，以秒为单位。

5. 资源数据长度（Resource Data Length）

长度为16位，单位为字节，表示资源数据（Resource Data）字段的长度。

6. 资源数据（Resource Data）

长度不固定，为查询结果的回复，可能是IP地址或主机名。

8.5.4　授权区

授权区的字段格式与回复区相同，除了资源数据（Resource Data）字段是存放主机名而不是IP地址之外，其他字段的含义与回复区的字段相同。

8.5.5 额外记录区

额外记录区的内容对应于授权部分（Authority Section），字段格式也与回复区相同，但是在资源名称字段中所存放的是DNS服务器的名称，而资源数据字段中所存放的是DNS服务器的IP地址。

【课后习题】

1. 试说明FQDN与PQDN。
2. 什么是域名？什么是域名服务器？
3. 试简述什么是域名中的机构类别。
4. 什么是正向名称查询？
5. 什么是主域名服务器？
6. DNS的分层架构基本上分为哪四层？
7. 根域名的功能是什么？
8. 什么是主机？名称上有哪些注意事项？
9. 什么是DNS服务器的实际广辖范围？试说明之。
10. 一个区域的数据可以由多台DNS服务器来维护，这些服务器按照功能主要可分为哪三种？
11. 试说明区域传送。
12. 转发程序的功能什么？
13. 试说明递归查询的方式。
14. 什么是资源记录？它提供哪些主要的信息？
15. 什么是起始授权机构记录？
16. 试说明DNS数据包报头的查询标识字段的作用。
17. 试介绍额外记录区。

第 9 章
DHCP 协议

主机要连接到因特网的话必须先拥有一个IP地址，如此网络上的其他计算机才能够彼此辨识。在实际运行中，IP地址的分配过程是相当繁杂的，对于网络管理员来说绝对是一件吃力不讨好的工作。在IP地址不足的情况下，对于有些计算机只是暂时性地连上网络，并不需要永久使用某个IP地址，可以将IP地址以动态方式进行分配和使用。这种动态分配IP的方式比每次计算机开机或连上网络时都必须重新手动设置IP地址简单得多，而且可以避免重复设置IP地址的情况。

≫ 9.1 DHCP 概述

DHCP（Dynamic Host Configuration Protocol，动态主机配置协议）是一种用来为网络上主机自动分配IP地址及其所需相关设置的协议。DHCP让计算机能够通过广播的方式随时管理主机中的IP地址及其子网掩码（Subnet Mask），而不影响TCP/IP网络的运行，并且用集中管理的方式来管理TCP/IP协议的相关参数，如默认网关、域名系统（Domain Name System，DNS）等。

简单来说，DHCP主要就是管理一组可以用的IP地址，并且动态地分配给有需要的主机来使用。当某一个IP地址被分配出去之后，就会在DHCP服务器上记录此IP地址已被使用。如果有另一个DHCP客户端也需要IP地址，就会给它另外分配一个未使用的IP地址，如此就可以避免两台计算机之间出现IP地址冲突的问题。

DHCP采用主从式架构，在网络DoD模型中属于主机对主机层的通信协议，使用UDP协议来进行数据包的传送，包含两个主要成员：DHCP客户端和DHCP服务器。DHCP客户端使用的通信端口号为67（可简称为端口67），DHCP服务器使用的端口为68，如图9-1所示。

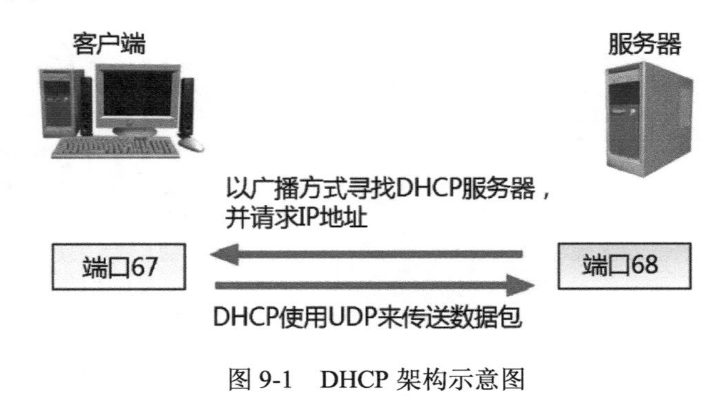

图 9-1 DHCP 架构示意图

1. DHCP客户端

所有要求使用DHCP服务的主机用户都可以称为DHCP客户端，目的是接收DHCP服务端的参数设置及分配的动态IP地址。DHCP客户端所发出的数据包，如表9-1所示。

表 9-1　DHCP 客户端发出的数据包

名　　称	说　　明
DHCPDiscover	DHCP 客户端所发出的数据包，用来寻找网络上的 DHCP 服务器
DHCPRequest	DHCP 客户端所发出的数据包，请求服务器提供 IP 地址；如果是用来续约 IP 地址的数据包，则使用单播来发送数据包
DHCPDecline	DHCP 客户端所发出的数据包，拒绝服务器所提供的 IP 地址
DHCPRelease	DHCP 客户端所发出的停止租约 IP 地址的数据包，服务端可以将此 IP 地址租用给其他主机

2. DHCP服务器

DHCP服务器最主要的工作是对DHCP客户端主机进行管理与发送IP地址、设置子网掩码、设置网关、指派DNS或WINS服务器IP地址的参数，并对此地址进行标记。DHCP服务端所发出的数据包如表9-2所示。

表 9-2　DHCP 服务端发出的数据包

名　　称	说　　明
DHCPOffer	DHCP 服务器发给客户端的数据包，告知可以使用的 IP 地址
DHCPAck	DHCP 服务器同意租用 IP 地址，发出数据包响应客户端
DHCPNack	DHCP 服务器不同意租用 IP 地址，发出数据包告知客户端

9.2　DHCP 的优点

DHCP客户端向DHCP服务端获取IP地址的方式称为租用。DHCP服务端会检查网域中的静态IP地址数据库是否有客户端的物理地址记录：如果有，就分配静态数据库中的IP地址给客户端；如果没有，就从动态数据库中选择一个IP地址分配给客户端，并注记该IP地址已被租用。DHCP服务对IP地址的管理相当方便，我们可以整理出使用DHCP服务的三个优点。

1. 设置与管理方便

与手动分配IP地址相比，DHCP不用经过繁杂的设置，DHCP协议提供了自动分配IP地址给客户端计算机的功能，无须网络管理人员手动设置，而且所有的IP地址都能集中管理，在网络上的DHCP客户端可轻松获得独一无二的IP地址。DHCP服务器每提供一个IP地址租约都会在数据库中添加一笔对应的租用数据，避免了人为设置的错误，也避免了IP地址重复租用的情况。一旦发现有重复IP地址，DHCP就可以立刻处理并解决问题。以一个有规模的企业来说，DHCP确实可以代劳分配IP地址及管理IP地址的繁杂工作。

2. 维护简单并且IP地址可重复使用

DHCP协议所提供的信息不仅有IP地址，还有各项网络设置参数。当这些参数需要变更时，只需在DHCP服务器上进行修改即可，节省了网络维护的大量时间与成本。DHCP使用数据库的方式来管理IP地址，每笔租用的IP地址都会详细记录，因而不会发生IP地址冲突的问题。DHCP是以租约的方式分配IP地址的，而且这些IP地址是由DHCP动态产生的，只要用户的IP地址租约未到期，DHCP就不会随意变动IP地址。DHCP在租约到期或必要的时候会回收IP地址，以分配给其他有需求的主机，因此DHCP可以灵活地使用有限数量的IP地址。

3. 安全性较高

只要没有大的变动，静态IP地址就不可以随意改变。对于使用DHCP服务分配动态IP地址的客户端来说，每一笔动态IP地址都会与客户端主机的计算机名称和MAC地址建立关联并更新相应的配置信息，只要主机有使用不当的行为，在DHCP服务器里就都会留下记录。此外，由于客户端每次连接网络都使用不同的IP地址，因此可以减少被黑客攻击的机会，进而提高客户端的安全性。

≫9.3 DHCP 的运行流程

DHCP运行流程包括从DHCP客户端发出IP地址的请求、DHCP服务端同意租用IP地址、IP地址的租约更新与租约撤销等过程，如图9-2所示。

9.3.1 客户端请求 IP 地址租约

将计算机设置为DHCP客户端后，在第一次使用DHCP网络的时候，因为DHCP客户端是采用动态IP地址的，所以DHCP客户端会先以广播方式发送一条DHCPDiscover消息去寻找可以提供租约服务的DHCP服务器，这条客户端所发送的DHCPDiscover消息会包含客户端的请求，试图连接DHCP服务器，并请求获取网络上DHCP服务器的支持，以便寻找最适当的IP地址，如图9-3所示。

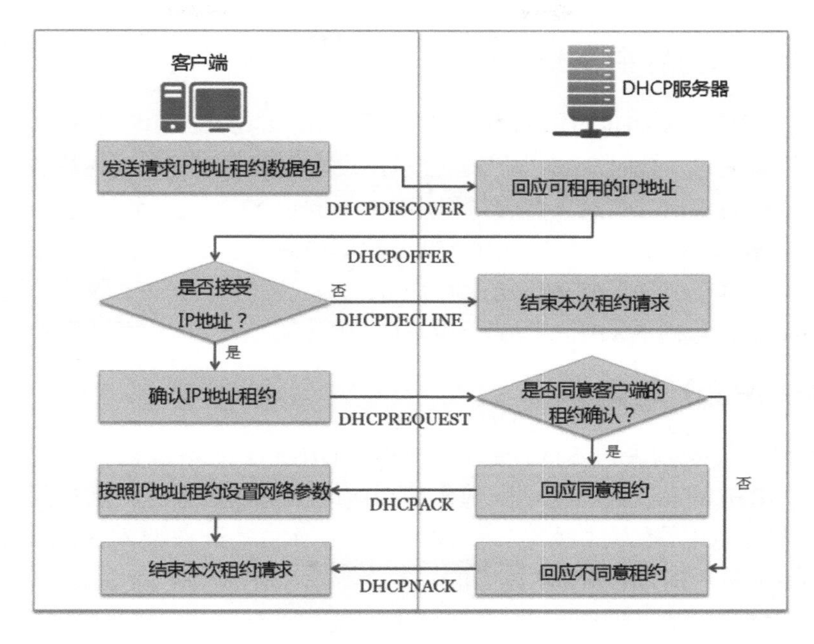

图 9-2 DHCP 运行流程

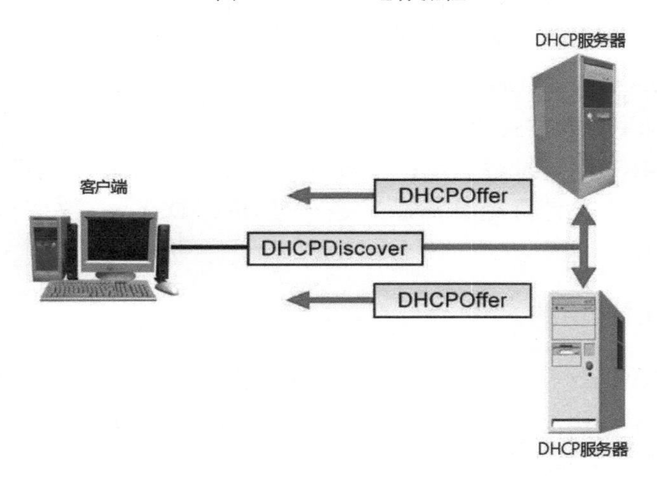

图 9-3 客户端请求 IP 地址租约

在同一个网络中可能会有一台以上的DHCP服务器，当这些DHCP服务器收到DHCPDiscover数据包后会回应这条消息。此时客户端计算机还无法得知属于哪一个网段，所以数据包源地址为0.0.0.0，目的地址为255.255.255.255。另外，因为此时客户端计算机尚未取得正式的IP地址，所以会先以本身的MAC地址产生一组数据填入TRANSACTION ID(XID)，并填入DHCPDiscover数据包中。

9.3.2 提供可租约的 IP 地址

客户端计算机广播DHCPDiscover数据包后，所有的DHCP服务器都会收到此请求IP地址租约的数据包，此时DHCP服务器会从还没有出租的IP地址池中挑选并保留最前面的IP地址，然后将相关信息（包含可租用的IP地址、XID、子网掩码、IP租约期限以及DHCP服务器的IP地址）封装到DHCPOffer数据包后以广播方式送出。DHCP客户端可能会接到一条或多条DHCPOffer回应消息。此外，DHCP服务器会把当初DHCPDiscover数据包内的XID信息沿用到DHCPOffer中以作为客户端计算机的标识。

9.3.3 确认 IP 地址租约

客户端虽然会收到来自不同DHCP服务器的DHCPOffer数据包，但是默认会使用第一个收到的DHCPOffer数据包中所提供的IP地址，其他后来的数据包则不予理会。接下来客户端会以广播方式送出一条DHCPRequest消息给被选到的DHCP服务器，DHCPRequest则是对DHCP服务器提出的租约请求，主要目的是向选定的DHCP服务器申请租用IP地址，告知其他DHCP服务器该客户端计算机已选定接受哪一台DHCP服务器提供的IP地址，而那些没被选定的DHCP服务器会将方才保留的要给客户端计算机的IP地址释放掉，以供后续其他客户端的IP租约使用。

与此同时，客户端计算机还会广播一个ARP数据包，用以确认网络上没有其他计算机或网络设备利用手动方式使用了该IP地址；一旦发现该IP地址已被使用，客户端计算机就会发送DHCPDecline数据包，告知DHCP服务器这条拒绝消息，此次IP租约的请求作废；然后客户端计算机会重新发送一条DHCPDiscover数据包，再次向所有DHCP服务器请求IP地址租约。

9.3.4 同意 IP 地址租约

当被选定的DHCP服务器收到DHCPRequest数据包后，如果同意客户端计算机的IP租约请求，就会广播DHCPAck数据包给客户端计算机以确认IP地址租约正式生效，如图9-4所示。客户端计算机会将设置值填入TCP/IP的网络配置参数中，并开始计算租约的时间，一个IP地址租约的流程到此就完成了。

在Windows环境中，我们可以通过“以太网 状态”对话框中的“详细信息”按钮（见图9-5）看到网络连接相关的详细设置信息。

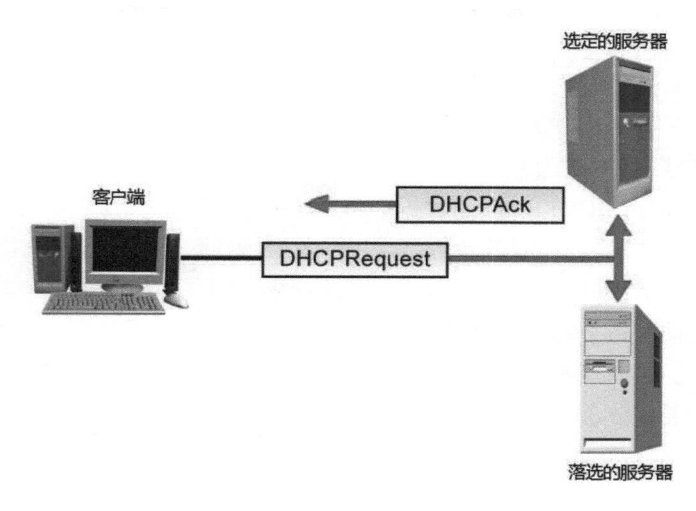

图 9-4　同意 IP 地址租约

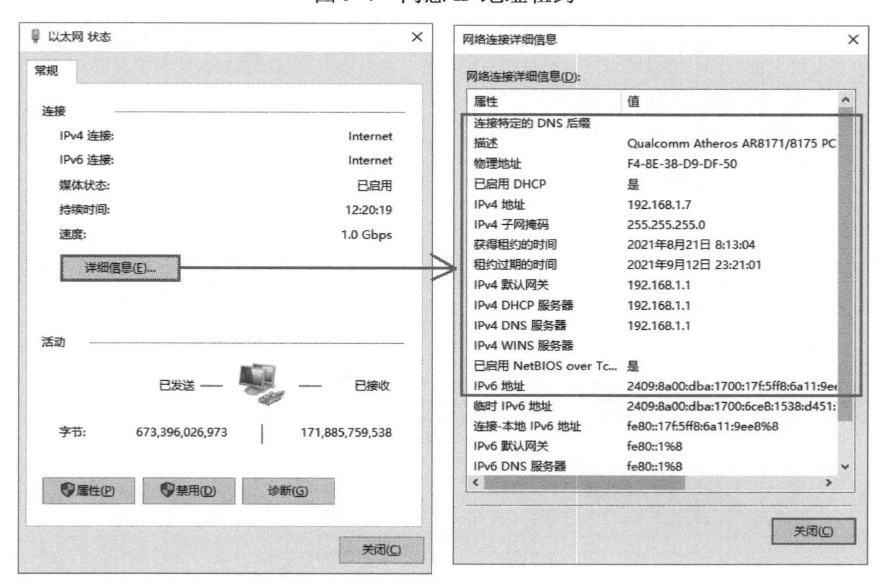

图 9-5　同意 IP 地址租约

如果DHCP服务器因故不能给予IP地址租约，则会发出DHCPNack数据包，例如将原来的客户端计算机移至另一个子网。由于之前请求的IP地址无法对应到新的子网中，或是指定的IP地址已被占用或者租约期限不能如客户端计算机的请求，那么此时服务器就会发出DHCPNack数据包，客户端计算机就会结束本次IP地址租约请求，而后重新执行请求IP地址租约的流程。

9.3.5 更新 IP 地址租约

在客户端计算机获取IP地址之后会有一个租约期限（Lease Time），在Windows Server系统中这个期限默认为8天。在默认情况下，租约的时间到达期限的1/2时（使用了4天）就会尝试发出DHCPRequest数据包向DHCP服务器申请续约，然后必须定期更新租约，否则租约期限一到就无法再使用此IP地址。DHCP服务器收到后会以DHCPAck数据包响应此更新的租约给客户端计算机（见图9-6）。RFC2131的标准是每当租约时间到达期限的1/2或7/8时客户端计算机就必须发出更新租约的请求，不过不见得每个网络设备制造商都会遵守这个规定。同样是尝试三次，如果还是无法取得更新，就会改用广播方式发出DHCPRequest数据包，以获取新的DHCP服务，如图9-6所示。

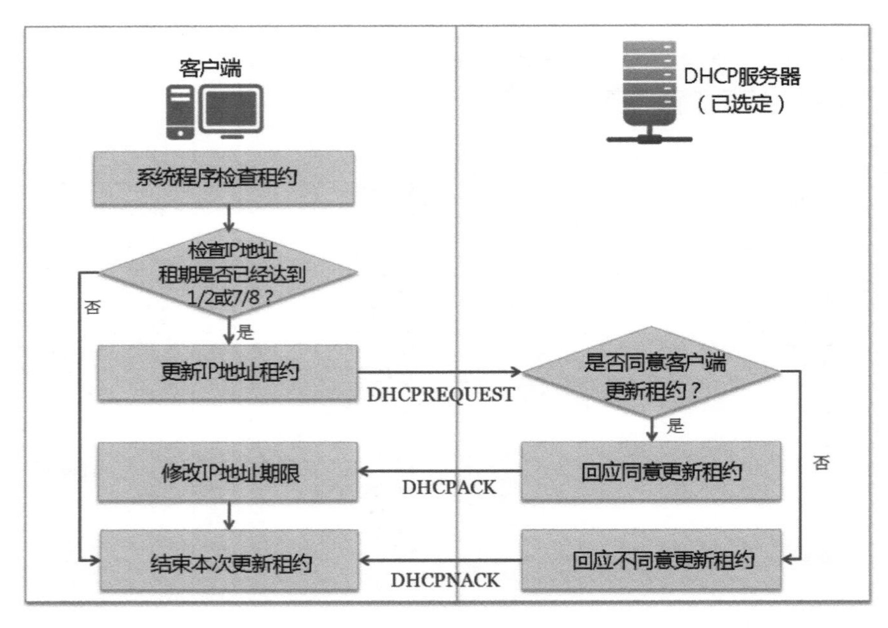

图 9-6　更新 IP 地址租约的运行流程

虽然更新IP地址租约与请求IP地址租约流程中都是使用DHCPRequest数据包，但是更新时是用单播（Unicast）方式发送数据包，直接与当初提供IP地址的DHCP服务器进行更新租约，而不再使用广播方式传送DHCPRequest数据包。除了选择自动更新方式外，客户端计算机也可以手动更新IP地址租约。以Windows为例，在“命令提示符”窗口中执行ipconfig /renew命令即可进行IP地址租约的更新。

9.3.6　撤销 IP 地址租约

如果客户端要撤销IP租约，就会发出DHCPRelease数据包，告知给予IP地址的DHCP服务器此IP地址已不需要再使用了，可以分配给其他的客户端计算机。以Windows环境为例，在“命令提示符”窗口中执行ipconfig /release命令，客户端计算机就会发送DHCPRelease数据包，要求撤销IP地址租约。

9.4　DHCP 数据包格式

了解了DHCP的运行方式与数据包的往来后，接下来看看DHCP数据包的组成（见图9-7）。

OP (8 Bits)	HTYPE (8 Bits)	HLEN (8 Bits)	HOPS (8 Bits)
xid (32 Bits)			
secs (16 Bits)		flags (16 Bits)	
ciaddr (32 Bits)			
yiaddr (32 Bits)			
siaddr (32 Bits)			
giaddr (32 Bits)			
chaddr (16 Bytes)			
sname (64 Bytes)			
file (128 Bytes)			
options (312 Bytes , variable)			

图 9-7　DHCP 数据包的组成

DHCP的数据包除了变长的Option字段之外，其余40字节都为固定长度，下面对DHCP数据包中固定的字段加以说明。

1. OP Code（操作代码）

长度为8位，用于表示这个数据包是由客户端还是服务端所发出的数据包。OP等于1时，表示数据包是从客户端传送给服务端的；OP等于2时，表示数据包是由服务端传送给客户端的。

2. HTYPE（Hardware Type，硬件类型）

长度为8位，表示网络硬件类型，是以太网就设置为1，是令牌环就设置为6，是ATM就设置为16，详细网络类型对应的代码可参考表9-3。

表 9-3　网络硬件类型

代　　码	名　　称
1	Ethernet（10MB）
2	Experimental Ethernet（3MB）
3	Amateur Radio AX.25
4	ProteonProNET Token Ring
5	Chaos
6	IEEE 802 Networks
7	ARCNET
8	Hyperchannel
9	Lanstar
10	Autonet Short Address
11	LocalTalk
12	LocalNet（IBM PCNet or SYTEK LocalNET）
13	Ultra link
14	SMDS
15	Frame Relay
16	Asynchronous Transmission Mode（ATM）
17	HDLC
18	Fibre Channel
19	Asynchronous Transmission Mode（ATM）
20	Serial Line

3. HLEN（Hardware Address Length，硬件地址长度）

长度为8位，表示MAC地址的长度。以以太网为例，该字段值为6，表示MAC地址为$6 \times 8 = 48$位。

4. HOPS（跳数）

长度为8位，当DHCP客户端发出DHCP数据包时，此字段默认为0。如果DHCP Relay Agent（DHCP中继代理）要转发此数据包给DHCP服务器，就会将此字段设置为1。

提 示

DHCP数据包大都是以广播方式在同一个网络（局域网）中传送的，如果DHCP客户端与服务端分别位于不同的局域网中，那么这个数据包将无法通过连接这两个网络的路由器，而会被路由器丢弃掉。此时可以在客户端的局域网中指定一台主机当作DHCP Relay Agent。当DHCP Relay Agent发现网络上有DHCPDiscover或DHCPRequest广播数据包时它会主动提取广播数据包，并将数据包的目的地址更改为DHCP服务器的IP地址，使这个数据包能够以单播方式到达另一个局域网的DHCP服务器，如此数据包就不会被路由器阻挡，而DHCP服务器的回应也会先传送到DHCP Relay Agent，将数据包修改为广播数据包，再发送至客户端所在的局域网中。

5. XID（Transaction ID，事务ID）

数据包传送使用的ID，长度为32位。客户端计算机送出数据包时会随机产生一组ID，待DHCP服务器收到此数据包时就以此ID进行回复；客户端计算机收到DHCP服务器的回应时也会借助此ID辨别服务器回复的是哪一个数据包。

6. SECS

客户端计算机处理数据包所花费的时间，单位为秒，长度为16位。

7. FLAGS

数据包类型标志，长度为16位。第一位为1时，代表DHCP服务器以广播方式传送数据包给客户端计算机，其余15位目前尚未使用（设置为0）。

8. CIADDR（Client IP Address，客户端IP地址）

客户端计算机的IP地址，长度为32位，如果没有取得IP地址，则设置为0。

9. YIADDR（Your IP Address，你的IP地址）

DHCP服务端回复客户端计算机的IP请求时（DHCPOffer与DHCPAck数据包）所配置的IP地址，长度为32位，无须填写则设置为0。

10. SIADDR（Server IP Address，服务器IP地址）

DHCP服务器IP地址，长度为32位。DHCP服务器会将自己的IP地址填入此字段。

11. GIADDR（Relay IP Address，中继IP地址）

DHCP Relay Agent的IP地址，长度为32位。设为0时，如果客户端计算机是通过

DHCP Relay Agent和DHCP服务器进行数据包传送的，那么DHCP Relay Agent就在此字段填入IP地址，无须填写则设置为0。

12. CHADDR（Client Ethernet Address，客户端以太网地址）

此字段占16位，记录客户端的MAC地址。

13. SNAME（Server Host Name，服务器主机名）

记录DHCP服务器的名称，长度为64字节。

14. FILE（Boot File Name，引导文件名）

引导程序名（开机程序名），长度为128字节。此字段适用于通过网络启动的情况下，应用于无磁盘的客户端计算机。可以借助此字段下载引导文件以完成开机操作。

15. OPTIONS（Option Field，选项字段）

用于DHCP选项设置，最大值为312字节，长度不固定，因为其包含的字段并不是每个数据包中都会出现。选项字段中的字段信息包括租约期限、数据包类型、IP地址额外信息（例如子网掩码、域名等）。下面对选项字段中的几个重要字段加以说明：

（1）Requested IP Address（请求的 IP 地址）

客户端计算机想要取得某个特定的IP地址时使用这个选项字段，主要出现在DHCPRequest数据包中，用来要求服务端提供IP信息；或是用于更新租约期限的DHCPRequest数据包时，在此字段填入所需的IP地址。

（2）IP Address Lease Time（IP 地址租约期限）

记录IP地址的租约期限，当客户端计算机请求IP地址时，DHCP服务器使用此字段回复IP租约期限，在Windows系统中默认为8天。

（3）Renewal Time Value（T1）

记录第一次进行租约更新的时间，在Windows系统中默认为8天。

（4）Rebinding Time Value（T2）

记录第二次进行租约更新的时间，在Windows系统中默认为7天。

（5）Option Overload（可选数据超载）

Option字段的最大长度为312字节，当数据超过此值时，可以借助SNAME和FILE两个字段进行扩展。

（6）DHCP Message Type（DHCP 消息类型）

此字段用来注明数据包类型。字段数值与数据包类型的对照如表9-4所示。

表 9-4　DHCP 消息类型

数　值	数据包类型
1	DHCPDiscover
2	DHCPOffer
3	DHCPRequest
4	DHCPDecline
5	DHCPAck
6	DHCPNack
7	DHCPRelease
8	DHCPReleaseInform

（7）Parameter Request List（参数请求列表）

客户端计算机要求DHCP服务器提供网络配置参数列表与所需参数。DHCP服务器未必能完全回应列表中的每一项参数，但是只要有符合的参数项目就必须响应。

（8）Message（消息）

如果在DHCP服务器与客户端计算机的传送过程中发生错误，那么DHCP服务器就会将错误消息填入此选项。通过DHCPNack数据包通知客户端计算机，消息内容为ASCII码。

（9）Client Identifier（客户端 ID）

记录客户端的MAC地址。

（10）Server Identifier（服务器 ID）

记录服务端的MAC地址。

（11）Maximum Message Size（最大消息长度）

客户端计算机将可以送出DHCP数据包的最大长度填入此选项，发送DHCPDiscover或DHCPRequest数据包以告知DHCP服务器。

（12）Sub Mask（子网掩码）

服务端告知客户端的子网设置信息，供客户端设置使用。

（13）Domain Name（域名）

服务端告知客户端的域名信息，供客户端设置使用。

（14）Domain Name Server（域名服务器）

服务端告知客户端网络中的DNS服务器的IP地址，供客户端设置使用。

（15）Router（路由器）

服务端告知客户端网络中的路由器的IP地址，供客户端设置使用。

（16）Vendor Class Identifier（制造商类型 ID）

此选项提供给客户端计算机，以识别网络硬件制造商的类型，为非必要项目。此ID消息的内容由制造商自行定义。

【课后习题】

1. DHCP的功能是什么？试简述之。
2. 试说明DHCP的架构。
3. 试举出至少三种DHCP客户端发出的数据包。
4. 为什么DHCP的安全性较高？
5. 列举DHCP的优点。
6. 解释DHCP数据包的OP Code字段的功能。
7. 简述DHCP中继代理。
8. 说明DHCP同意IP地址租约的最后流程。
9. 解释DHCP数据包中SIADDR字段的功能。
10. 描述DHCP数据包中Options字段的功能。

第 10 章 网络管理与网络安全导论

网络对商业界、学术界、政府机构和个人等信息的交流提供了快捷的服务。随着网络用户的增加（见图10-1），网络管理更显重要。为了能够实时掌握网络运行的状况与效率，可以利用网络管理工具来维持网络的性能。一般来说，要构建一个网络系统并非难事，构建完成后挑战才真正开始。简单来说，网络管理是为了实现控制、规划、分配、部署及监控一个网络区域的资源所需的整套具体措施。

图 10-1 网络用户增加

管理之父彼得·德鲁克博士曾说：“做正确的事情，远比把事情做正确来得重要”。因此，身为现代的网络管理员，首先需要能够有效地广泛收集信息并有效地运用网络资源与相关信息系统，对网络上的各种网络设备加以规划、监控和管理，并负责网络站点的数据更新与安全维护，最终达成企业与组织的目标。

≫ 10.1 网络管理功能简介

随着网络系统的不断扩张，网络的管理与维护工作变得越来越重要。网络管理可以看成是一个架构，是用于规划、实现和维护计算机网络的一套措施。ISO在1989年制定的7498-4号标准文件中提到，网络管理功能分为故障管理（Fault Management）、配置管理（Configuration Management）、会计管理（Accounting Management）、性能管理（Performance Management）及安全管理（Security Management）五大类（见图10-2），并以配置管理为中心。下面分别说明这五个网络管理功能。

图 10-2 网络管理的五大功能

10.1.1　故障管理

故障管理（Fault Management）是最重要的一种网络管理形式，通常任何非有意导致且会影响服务运行的事件都视为必须立即处理的故障。一旦网络上出现异常现象，就得依靠相关的技术支持人员进行故障排除（Troubleshooting），比如失去电力、网络连接设备损坏与功能参数设置错误等。故障管理主要是确认网络问题所在和诊断问题发生的原因，范围包括问题和故障的检测、辨认、隔离、汇报和修复，并要以最短的时间来解决网络上的异常状态，这就是故障管理的基本要求，也是故障管理核心的课题。

网络一般都覆盖相当大的区域，在网络系统发生故障时会对网络某项服务造成不良的干扰和影响，如果无法实时发现并进行故障隔离和修复，那么整个网络系统的效率都会受到影响。故障管理衍生出来的是问题管理，能够快速检测到影响服务的问题、向管理设备汇报，并且采取可能的改正措施或机制。故障管理包含分析网络设备送出的报错消息、追踪并确认错误的来源、测试网络系统的运行、根据问题的来源和症状在它们对网络造成影响前就能及时发现和及早修正。更重要的是定期备份网络上的重要数据，或安装不间断电源（Uninterruptible Power Supply，UPS），以便在发生紧急状况时迅速重建与复原数据。

10.1.2　配置管理

配置管理（Configuration Management）是五大网络管理功能的中心，主要工作是获取网络系统当前的运行情况、设置或修改网络与计算机的使用状态，包括连接到网络的设备、连接方式以及这些设备目前的系统功能参数，还包括用来管理所有网络设备的配置信息、定义所有网络服务的组件（Component），并对这些组件加以管理和控制，以确保相关信息的准确性。例如，对路由器、网桥和主机的物理和逻辑地址关联及改变网络系统的功能参数（Provisioning）的管理、设置和监控。

配置管理还负责对网络设备的增减或修改进行控制，并对实际连接状况进行监控，以达到随时掌握网络最新配置的目的。配置管理还负责收集网络的运行状况及监控改变网络系统的设置、获取系统状态重大改变的通知、设置并维护被管理设备的组件清单（Inventory）、启动或关闭被管理的网络设备。

10.1.3　会计管理

会计管理（Accounting Management）可以对使用的网络资源建立收费标准，记录每一个网络用户或整个团体的使用记录，以便核算分摊费用。例如，资产管理（Asset

Management），包括网络设施、软硬件的构建与维护成本、人员的统计数据与相关资产记录，以了解与评估各项成本效益，进而以网络资源与各部门的使用率来作为收费的依据，或通知用户是否有可用的资源。会计管理的目标就是通过最少的投资得到最大的收益。至于日常性的成本控制（Cost Control），如控制网络与设备各种消耗性资源的用量，包括纸张、碳粉盒、网络管线等不当浪费的管制也是会计管理的重要内容之一。

10.1.4 性能管理

当网络使用量和复杂度大为提升时，就会产生许多系统执行效率的问题。网络运行的效率会直接影响到用户的生产力。性能管理（Performance Management）用来衡量网络的运行效率，涉及监控网络性能和适当调整网络，提供不同网段各种连接的网络性能分析，以及测试网络反应时间的管理。性能管理也可视为一种预防性的故障管理。例如，把一些响应时间作为传输性能良好的判断准则，包括ping某台主机的响应时间、电子邮件收发的响应时间以及浏览网页所花费的响应时间等。

网络管理员可通过性能管理工具了解网络资源的使用情况，对网络各节点的使用率、通信协议、流量等进行分析及管制，评估线路的使用率（Utilization）——防止影响网络正常连接的因素和监控线路是否达到所要求的传输速率。此外，由于网络数据具备可检测性，因此通过长期统计网站流量就可以知道网站流量的增长趋势，以便及早发现网络带宽瓶颈。

10.1.5 安全管理

现代企业或组织通过因特网固然可以增强运营效率，不过也会相对地将原先封闭的企业网络暴露在整个因特网环境中。安全管理（Security Management）的主要目的在于为应用程序提供一些安全策略。开放必要的权限给必要的人员是安全管理的基本要求，借此防止未经授权的个人存取、使用和变更网络的行为，建立网络安全机制应对网络资源的偷窃与侵入，包括对系统密码和网络数据进行加密处理，以防止非法用户对网络资源的窃取与破坏。

安全管理包含内部安全管理和防范外部入侵，特别是给予网络用户基本的安全维护保障与确认用户的权限，并通过审计（Auditing）机制让网络服务器记录下重要的安全事件，例如当网络上存在大量坏数据包时，通常表示网络传输时出现了某种问题，通过安全管理工具分析复杂的日志文件，提前发现攻击、安全威胁，进而通知系统改变及调整网络状态。

≫ 10.2　SNMP 与其他网络管理协议

现代企业与组织甚至是个人都有专用网站，如何有效管理网站是每个网络管理人员心目中重要的课题。其中，SNMP（Simple Network Management Protocol，简单网络管理协议）是一种被广泛接受并使用的网络通信标准，由IETF（Internet Engineering Task Force）所定义，是用以管理网络设备的通信协议，主要目的在于管理网络上各式各样的设备。SNMP协议本身非常简单，使用上并不困难，厂商或用户也不必耗费大量的金钱就能支持SNMP协议的相关产品。通过SNMP可在任意的两个网络节点间传送管理消息，以便网络管理员能够查看网络上任何一个节点的消息，并进行修改、调整与故障修复的工作。

除了SNMP外，还有许多其他的网络管理通信协议，只不过SNMP标准能让网络管理员的监管工作简化，一旦网络设备发生问题就可以实时得到消息，以及时采取必要的行动。SNMP是目前最普遍使用的网络管理协议，几乎所有生产网络设备的厂商都支持SNMP。MIB（Management Information Base，管理信息库）和RMON（Remote Network Monitoring MIB，远程网络监视管理信息库）则是SNMP建立网络管理内容的基础，在后续章节中会陆续为大家介绍。

10.2.1　认识 SNMP

SNMP运行于OSI模型的应用层，在TCP/IP机制下，运用UDP和IP协议进行通信。SNMP的架构（见图10-3）相当于主从式架构的信息系统模式，每个网络节点须提供一致的网络管理接口，收集描述过去和当前状态的管理信息，并提供给网络上的管理系统。SNMP定义了两种管理对象：管理员（Manager，或称为网管）和代理（Agent，即网管代理）。前者是用来执行网管软件的主机，后者是负责收集网络状态的主机。在实际的运行架构中，SNMP主要由以下4种组件构成。

1. 管理员（Manager）

管理员也称为管理站、网管。在管理员的计算机上安装有网络管理程序，经由UDP传送请求数据包（Request）给代理（Agent），利用SNMP通信协议向代理查询所需的相关信息，可通过代理进行监控、管理、设置等工作，例如网络设备的运行状态、系统硬件的配置（如CPU使用率、硬盘利用率）等。

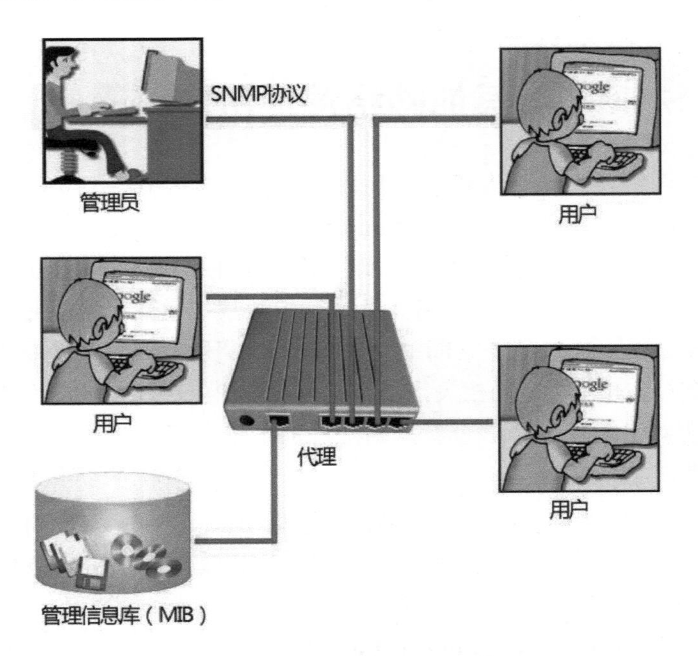

图 10-3 SNMP 运行架构示意图

2. 代理（Agent）

代理是此架构中直接被管理员控制的设备节点，也被称为网管代理，通常是一个进程（运行在被监控的网络设备上），因此也被称为代理设备。代理用于监控和查看管理节点、负责读取与收集被监控设备上的相关信息，如路由器、网桥等，以及为管理员提供这些管理信息数据。代理必须随时记录网络上发生的各种事件，通过源端口把响应数据包（Response）传送给管理端主机，管理员可以通过网络来存取网络客户端存放在MIB内的管理信息。

3. SNMP协议

SNMP协议的具体实现提供了一个标准方法，也就是管理信息库（MIB），用来查看和改变不同厂商所提供设备的网络管理信息。这个协议既可用于网络设备的日常运维，也可让网络运维人员实时监控设备异常事件的发生并进行相应处理。

4. 管理信息库

管理信息库的作用是存储代理设备的对象属性、功能与各种信息，是内建于代理的数据库，以供管理员存取。

SNMP协议的报头包含版本和区域名称两个部分：版本是用来识别SNMP协议的版本，区域名称则代表着一个独立的网管架构。SNMP有三种不同的版本，大部分网络设备（路由器、交换机）均支持SNMP，版本演进顺序是由v1、v2至v3，使用最广泛的是SNMPv1。1992年制定SNMPv2协议时，针对SNMPv1协议中不完善的地方做了许多改进，特别是在安全性方面，不过这方面的改进使得它在管理上变得更加复杂和难以管理，虽然SNMPv2增加了对大型网络的支持与分布式处理能力，但是实用性远不如SNMPv1。SNMPv3由RFC 3411-RFC 3418定义，主要强化了SNMP在安全性和远程配置方面的功能，改进了SNMPv2在访问控制、保密、认证方面的不足。

SNMP管理员是以轮询（Polling）的方式询问代理的。所谓轮询方式，就是网管系统主动向代理请求网管的相关信息。代理会不断地收集各种统计数据，并存储到管理信息库中，通常轮询也会占用许多网络带宽。当管理员向代理设备的MIB送出查询数据包时，代理接收到SNMP管理员的询问会按照特定的管理对象编号提取存储于管理信息库中的管理信息，并返回给SNMP管理员。代理也提供主动汇报的陷阱（Trap）机制，在符合条件的情况下（如系统发生错误或关机等特殊情况）主动地以Trap方式发送消息通知SNMP管理员。触发陷阱（Trap）表示网络系统发生了异常状况。

提　　示

在局域网中，网络管理的主要常见机制有轮询（Polling）、陷阱（Trap）、设置（Set）三种。设置是指管理员对代理执行参数设置的工作，通常可能是网络发生异常状况时由管理员根据Trap消息所进行的设置工作。

SNMP的指令（其实是数据包）非常简单，下面以SNMP第1版本SNMPv1为例说明其中定义的五项指令（见图10-4）——让管理员和代理进行沟通（请求/响应）。

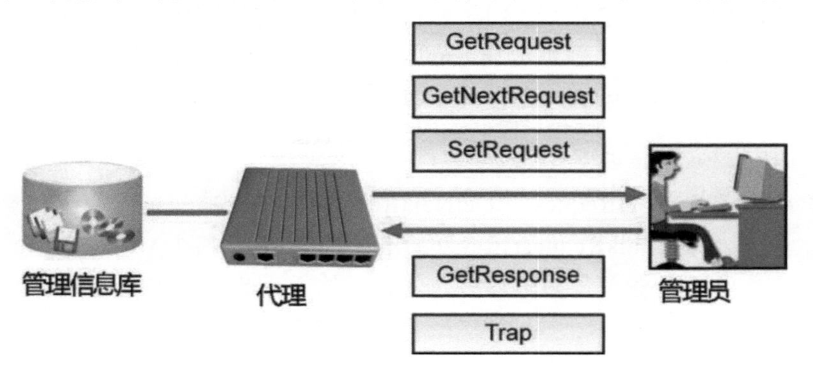

图 10-4　SNMPv1 运行过程示意图

（1）GetRequest（请求指令）

由管理员（Manager）向代理（Agent）发出的指令，要求返回代理设备中MIB对象的管理信息。

（2）SetRequest（设置指令）

由管理员向代理发出的指令，用来对代理设备中MIB对象进行设置或删除。在删除MIB对象之前要先考虑清楚，以免造成网络运行不正常。

（3）GetNextRequest（浏览指令）

由管理员向代理发出的指令，要求代理设备传回MIB中下一个接口的数据。

（4）GetResponse（响应指令）

当代理收到管理员的GetRequest或SetRequest指令后，都是使用GetResponse指令来响应管理员，响应的方式包括NoError、tooBig、noSuchName、badValue、readOnly、genErr等。

（5）Trap（陷阱指令）

当被管理的设备发生错误时，由代理主动汇报给管理员。管理员可以根据响应的消息来决定处理的方式，包括warmStart、coldStart、egpNeighborLoss、linkUp等处理方式。

在1992年制定SNMPv2（见图10-5）协议时，对SNMPv1协议中不完善的地方做了许多改进，新增了以下两条指令。

（1）InformRequest 指令

由于SNMPv1协议只定义了管理员和代理人之间的数据包类型，因此一个局域网中只能有一个管理员。这个新增的InformRequest指令使管理员可向另一个管理员发出请求指令，让网络中不仅可同时存在多个管理员，还提高了网络管理和传输的效率。

（2）GetBulkRequest 指令

SNMPv1协议中的GetRequest和GetNextRequest指令一次只能取得一笔数据，效率并不理想，新增的GetBulkRequest指令可让管理员一次对整个MIB表格或一整列的数据项进行存取，不但为管理员省下许多时间，网络管理也更加方便。

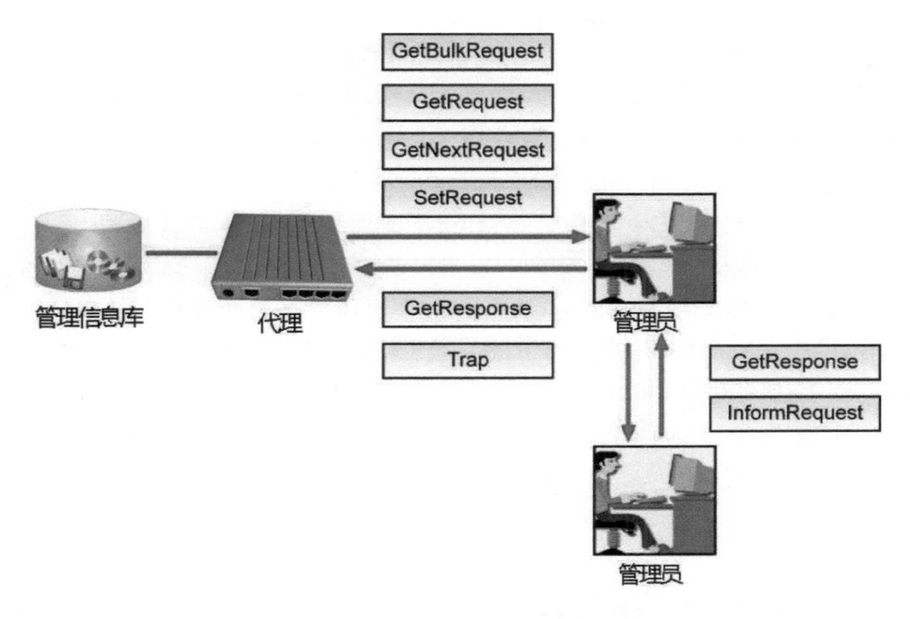

图 10-5　SNMPv2 运行过程示意图

10.2.2　管理信息库 MIB-I 和 MIB-II

在现实环境中，不同的网络或设备对数据的表达方式是存在差异的，因此必须采用一套抽象的语法来描述所有类型的信息。如前面章节所述，SNMP协议采用管理信息库（MIB）来记录在网络上各个设备的属性与功能。MIB可分为标准（Standard）MIB和私有（Private）MIB两大类：标准MIB适用于所有网络设备，私有MIB则由网络设备厂商自行定义。

SNMP使用对象（Object）的概念来管理网络上的设备与资源，并采用树形结构（一种分层式的分类结构），每个被管理的网络设备或资源都称为对象。MIB的作用是定义代理的对象属性及功能，每个MIB对象都具有唯一的OID（Object Identifier，对象标识符），管理员借助MIB了解每一个网络设备的信息。MIB有许多版本，其中ISO所制定的MIB-I和MIB-II是较具整合性的标准。MIB-I版本中定义了8个管理组，分别是System、Interface、Address Translation、IP、ICMP、TCP、UDP及EGP，MIB-II则另外新增了Transmission和SNMP两个组。

10.2.3　RMON

MIB-II管理信息库都是针对代理本身的网络状态进行记录的，这样的架构往往会使管理员必须在每个网络设备上安装代理（Agent），如此才能知道所管理的每个网络设备的状态，而且管理员必须将每个代理传回的信息进行整合统计，因此网管效率较低。鉴于此，在MIB-II管理信息库的节点下又新增了一个远程网络监视管理信息库（Remote Network Monitoring MIB，RMON），并规定它必须记录整体的网络状态信息。RMON的主要运行原理是将RMON代理放在局域网中，持续收集局域网的运行信息。

RMON的强大之处在于它完全与SNMP框架兼容。在RMON网管架构中，代理就如同一个监控器（Monitor）或探测器（Probe），负责提供该网络子域的信息给管理员，此时的代理被称作RMON Probe。这样的好处在于可提高管理效率，并降低网管成本。RMON与MIB-II最大的不同之处在于RMON管理信息库中所有的网管对象都是表格对象，并细分为控制表对象（Control Table）和信息表对象（Information Table）。前者主要用来设置信息表对象应记录哪些网络信息，后者存放RMON Probe实际收集到的网络状态信息。RMON的设计不管是RMONv1还是RMONv2都相当成功，被广大企业界所接受。

10.3 网络安全简介

网络已成为我们日常生活中不可或缺的一部分。人们使用计算机上网越来越频繁，通过网络来交流信息（部分信息公开，部分信息则属于机密）。网络设计的目的是提供信息、数据和文件的自由交换，不过网络交易确实存在很多风险，因为因特网的成功远远超过了设计者的预期，它除了带给人们许多便利外，也带来了许多安全上的问题（见图10-6）。

图 10-6 网络安全示意图

10.3.1 信息安全

在开始讨论网络安全的主题之前，需要对信息安全有一个基本认识。信息安全的基本功能就是达到数据被保护的保密性（Confidentiality）、完整性（Integrity）、认证性（Authentication），进而达到不可否认性（Non-repudiation）。

- 保密性：交易相关信息或数据必须保密，当信息或数据传输时，除了被授权的人外，要确保信息或数据在网络上不会遭到拦截、偷窥而泄露信息或数据的内容，损害其保密性。
- 完整性：当信息或数据送达时，必须保证该信息或数据没有被篡改，如果遭篡改；那么这条信息或数据就会无效。例如，由甲端传至乙端的信息或数据，乙端在收到时会立刻知道这条信息或数据是否完整无误。
- 认证性：当传送方送出信息或数据时，支付系统必须能确认传送者的身份（是否为冒名）。例如，传送方无法冒名传送信息或数据，持卡人、商家、发卡行、收单行和支付网关都必须申请数字证书进行身份识别。
- 不可否认性：保证用户无法否认他所实施过的信息或数据传送行为的一种机制，必须不易被复制和修改，也就是无法否认其传送、接收信息或数据的行为。例如，收到付款不能说没有收到，同样，下单购物了不能否认其购买过。

从广义的角度来看，信息安全所涉及的影响范围包含软件与硬件层面，共可分为4类，如表10-1所示。

表 10-1 信息安全所影响的范围

影响种类	说明与注意事项
自然灾害	雷击、水灾、旱灾等自然灾害
人为疏失	人为操作不当与疏忽
设备故障	硬件故障或存储介质损坏而导致数据损毁或丢失
恶意破坏	泛指非法人员入侵计算机，例如黑客攻击、计算机病毒与网络窃听等

信息安全的主题可从四个方面（见图10-7）来讨论：

（1）物理安全：硬件、建筑物与周围环境的安全与管制，例如对网络线路或电源线路的适当维护。

（2）数据安全：确保数据的完整性与私密性，并预防非法入侵者的破坏，例如不定期备份硬盘中的数据与进行有效的访问控制。

（3）程序安全：维护软件开发的性能、质量、调试、排错与合法性，例如提升程序设计和开发的质量。

（4）系统安全：维护计算机与网络的正常运行，例如对用户进行安全方面的培训。

图 10-7　信息安全涵盖的四个方面

国际标准制定机构英国标准协会（British Standards Institution，BSI）曾经于1995年提出了BS7799信息安全管理系统，最近的一次修订已于2005年完成，并经国际标准化组织（International Standards Organization，ISO）正式通过，成为ISO27001信息安全管理系统要求标准，为目前国际公认最完整的信息安全管理标准，可以帮助企业与机构在高度网络化的开放服务环境中鉴别、管理和减少信息所面临的各种风险。

提　示

为了防止外来的入侵，现代企业在构建网络系统时通常会将防火墙（Firewall）的构建纳为必须考虑的因素。防火墙（见图10-8）是由路由器、主机与服务器等软硬件组成的，是一种用来控制网络访问的设备，可设置访问控制表，并阻绝所有不允许放行的网络流量，以保护我们自己的网络环境不受来自于另一个网络的攻击，让信息安全防护体系达到威慑（Deter）、检测（Detect）、延缓（Delay）、拒绝（Deny）的目的。

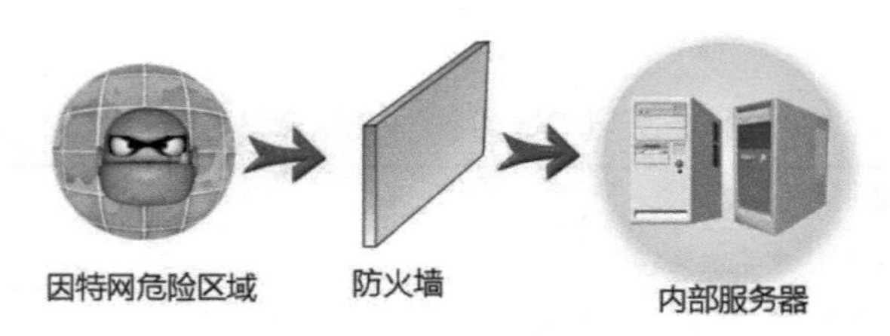

图10-8　构建防火墙

10.3.2　网络安全的破坏模式

随着网络通信科技不断推陈出新，无论是政府机构、公营企业还是私人企业，均面临信息安全的冲击。从广义的角度来看，网络安全所涉及的范围包含软件与硬件两个层面，例如网络线的损坏、数据加密技术的问题、服务器病毒感染与传送数据的完整性等。如果从更全面的角度来看，那么网络安全所涵盖的范围就包括了黑客问题、隐私权侵犯、网络交易安全、网络诈欺与计算机病毒等。

虽然网络带来了相当大的便利，但是同时也提供了一个可能或制造犯罪的渠道与环境。现在利用计算机网络犯罪的模式远比早期的计算机病毒来得复杂，并且造成的伤害也更为深远与广泛。例如，因特网架构协会（Internet Architecture Board，IAB）负责因特网间的行政和技术事务监督以及网络标准和长期发展，并将以下网络行为视为不道德甚至犯罪。

- 在未经任何授权情况下故意窃用网络资源。
- 干扰正常的因特网使用。
- 以不严谨的态度在网络上进行实验。
- 侵犯别人的隐私权。
- 故意浪费网络上的人力、计算与带宽等资源。
- 破坏计算机信息的完整性。

下面我们将介绍破坏网络安全的常见模式，让大家在网络安全防护上有更进一步的认识。

1. 黑客攻击

经常上网的人会听到某某网站遭黑客入侵或攻击的事件，因此黑客便成了所有人既害怕又讨厌的对象。黑客不仅攻击大型的社群网站和企业网站，还会使用各种方法破坏用户的连网设备。黑客在开始攻击之前，必须先控制用户的计算机，其中一个最常见的手段就是使用“特洛伊木马”程序（一种病毒程序）。

黑客在使用木马程序之前必须先将其植入用户的计算机，此种病毒模式多半是e-mail的附件，或者利用一些新闻与时事消息发表吸引人的贴文。用户一旦点击链接或点赞就可能立即遭到感染，或者是利用聊天消息散播恶意软件，趁机窃取用户计算机内的个人信息。黑客甚至会利用社交工程陷阱（Social Engineering），例如伪造脸书点赞功能，导致账号被植入木马程序，从而成功盗取脸书账号并假冒员工，然后连进企业或电商的数据库，窃取有价值的商业情报。

提　示

社交工程陷阱是一种利用大众疏于防范的信息安全攻击方式，例如利用电子邮件诱骗用户开启文件、图片、工具软件等，从而套取用户的秘密，例如用户名单、用户密码、身份证号码等机密数据。

2. 网络窃听

在数据包交换网络（Packet Switch）上，当数据包从一个网络传送到另一个网络时，在所建立的网络连接路径中包含了私有网段（例如用户电话线路、网站服务器所在局域网等）及公有网段（例如ISP网络及因特网中所有的站台）。数据在这些网段中传输时，大部分都是采取广播方式来进行的，因此网络窃听者不仅可以提取网络上的数据包进行分析（这类窃听程序被称为Sniffer），还可以直接在路由器上设置窃听程序来寻找IP地址、账号、密码、信用卡卡号等私密性质的内容，并利用这些私密信息破坏系统或获取不法利益。

提　　示

跨网站脚本攻击（Cross-Site Scripting，XSS）：攻击者在网站链接中插入恶意代码，当用户通过浏览器访问该网站时窃取用户的Cookie或者开启后门窃取用户密码与个人信息，甚至冒用用户的身份。

3. 盗用密码

盗用密码也是网络社群入侵者常用的手段之一。有些粗心的用户往往会将账号或密码设置成简单的代号，或者是生日、身份证号码、有意义的英文单词等容易记忆的字符串。入侵者利用人们的这些特点，通过一些密码破解工具将密码破解。入侵用户账号最常用的方式是使用暴力密码破解工具并搭配字典文件，不断地重复尝试组合密码，一次就可以猜测上百万次甚至上亿次的密码组合，很快就能找出正确的账号与密码。当黑客取得社交网站用户的账号和密码后，就等于取得了这些账号的控制权，进而可将伪造的电子邮件大量发送给该账号的社交朋友。

例如，脸书公司在2016年修补了一个重大的安全漏洞，因为黑客利用脸书程序的漏洞窃取到存取令牌（Access Token），然后通过暴力破解了脸书用户的密码。为了应对这种暴力破解，需要让密码具有更高的强度。建议大家按照下面几项基本原则来提高自己密码的强度。

- 密码长度尽量大于8个字符。
- 最好能组合英文、数字和符号。
- 最好在不同的社交网站使用不同的密码，并定期更换。
- 密码不要与账号相同，如果发觉账号有异常注销的情况就立即更新密码，确保账号不被黑客夺取。
- 尽量避免使用有意义的英文单词作为密码。

提　　示

点击欺骗（Click Fraud）是指发布者及其同伴对PPC（Pay by Per Click，每次点击付钱）的在线广告进行恶意点击，以骗取相关的广告费。

4. 拒绝服务攻击与僵尸网络

拒绝服务（Denia1 of Service，DoS）攻击方式是发送大量非真实的服务请求去轰炸一个网络系统，让系统瘫痪而不能响应正常的服务请求。DoS这种阻断攻击是单凭一方的力量对ISP的攻击手段之一。如果被攻击者的网络带宽小于攻击者的网络带宽，那么DoS攻击往往可在两三分钟内见效。如果被攻击者的带宽远大于攻击者的带宽，那么不管怎么攻击都无法成功，但是依然会造成被攻击者网络带宽的无谓损失。例如，黑客使用大量的垃圾数据包塞满ISP的可用带宽，进而让ISP的正常客户无法及时（甚至完全无法）收发数据与电子邮件、浏览网页和获得其他因特网服务。

僵尸网络（Botnet）的攻击方式是利用一组在网络上被控制的计算机转发垃圾邮件，被感染的计算机被当成执行DoS攻击的工具，不但会攻击其他计算机，而且遇到有漏洞的计算机主机时会藏身于其中的某些程序中，控制被感染僵尸程序的计算机，伺机展开攻击和侵害，让用户浑然不知。后来又出现了DDoS（Distributed DoS，分布式拒绝服务）攻击，受感染的计算机会像僵尸一般任人执行各种恶意行为。这种攻击方式是由许多不同来源的攻击端共同协调合作，在同一时间对特定目标展开的攻击方式，与传统的DoS攻击相比较，其危害更为惊人。过去就曾出现过类似的事件——僵尸网络的攻击者通过推特账号下达命令，以僵尸程序来“绑架”大量用户的账号。

5. 计算机病毒

计算机病毒（Computer Virus）是一种对计算机内部应用程序或操作系统造成影响或伤害的程序，它可能会不断地复制自身的程序或破坏系统内部的数据，如删除数据文件和程序或销毁在硬盘中发现的任何东西。不过，并非所有的计算机病毒都会造成损坏，有些只是显示令人讨厌的信息。如何判断计算机是否感染病毒呢？如果计算机出现表10-2所示的症状，可能就是不幸感染计算机病毒了。

表 10-2　计算机中毒症状

序　号	中毒症状
1	计算机速度突然变慢、停止响应、每隔几分钟重新启动，甚至经常莫名其妙地死机
2	屏幕上突然显示乱码、出现一些古怪的画面、播放奇怪的音乐
3	数据文件无故消失或被破坏，或者按下电源按钮后整个屏幕呈现一片空白

（续表）

序　　号	中毒症状
4	文件的长度、日期异常或 I/O 操作发生改变等
5	出现一些警告文字，告诉用户即将格式化计算机中的硬盘，严重的还会将硬盘数据删除或破坏掉整个硬盘的数据

提　　示

开机型病毒（见图10-9）又称为系统型病毒，被认为是最恶毒的病毒之一。这类病毒会潜伏在硬盘的引导扇区（启动扇区），也就是硬盘的第0道第1扇区（引导扇区，Boot Sector，存储计算机开机时必须使用的启动记录）。当计算机开机时，该病毒会迅速把自己复制到内存中，然后隐藏在那里，并在硬盘使用时伺机感染其他硬盘的引导扇区。知名的此类病毒有米开朗基罗、石头等。

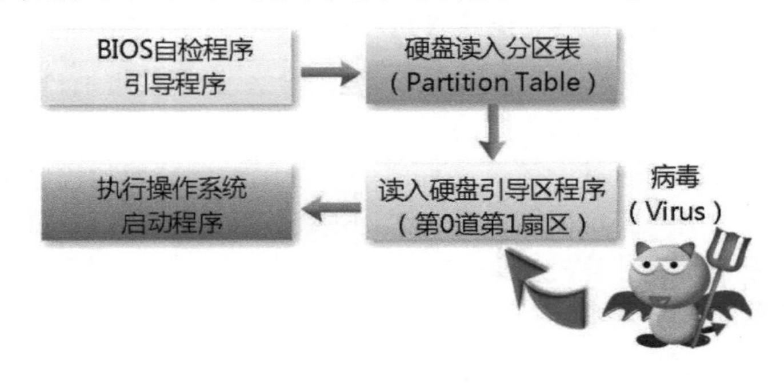

图10-9　开机型计算机病毒会在操作系统启动前进入系统内存

≫10.4　数据加密简介

从古到今，不论是军事、商业还是个人，为了防止重要数据被窃取，除了会在存放数据的地方安装保护设备外，还会对数据内容进行加密（防止他人在突破保护设备后就可得到真正的数据内容）。在网络上传送数据包时，随时都可能被窃取与窃听，因此最好先对数据进行加密（Encrypt）处理。

10.4.1　加密与解密

加密就是将数据经过特殊算法把原文转换成其他人无法辨识的字母或乱码序列。因此，加密数据即使被窃取，窃取者也无法直接将数据内容还原，这样就能够达到保护数据的目的。

就专业的术语而言，加密前的信息或数据被称为明文（Plaintext），经过加密处理过程的信息或数据被称为密文(Ciphertext)。当加密后的信息或数据传送到目的地后，将密文还原成明文的过程就称为解密（Decrypt）。在这个过程中，用于加密和解密的密码就称为密钥（Key）。通常情况下密钥的长度越长越无法破解。在因特网上，加密和解密的过程如图10-10所示。

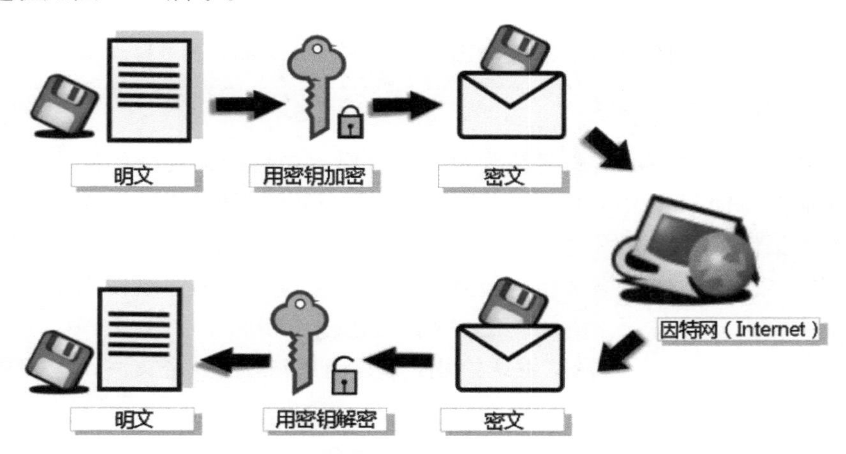

图 10-10 在因特网上的加密和解密过程

10.4.2 常用的加密系统

加密和解密的目的是为了防止数据被窃取，目前常用的加密系统有以下两种。

1. 对称密钥加密系统

对称密钥加密（Symmetrical Key Encryption）又称为单密钥加密（Single Key Encryption）。这种加密方法的工作方式是发送端与接收端拥有共同的加密和解密钥匙，这个共同的钥匙被称为密钥（Secret Key）。这种加解密系统的工作方式是：发送端使用密钥将明文加密成密文，使文件看上去像一堆“乱码”，再将密文进行传送；接收端在收到这个经过加密的密文后，再使用同一把密钥将密文还原成明文。因此，使用对称加密法不但可以为文件加密，而且能达到验证发送者身份的作用。

如果用户B能用这一组密码解开文件，就能确定这份文件是由用户A加密后传送过来的。对称密钥加密系统进行加密和解密的过程如图10-11所示。

这种加密系统的工作方式较为直截了当，因此在加密和解密上的处理速度都相当快。常见的对称密钥加密系统算法有DES(Data Encryption Standard，数据加密标准)、Triple DES、IDEA（International Data Encryption Algorithm，国际数据加密算法）等。

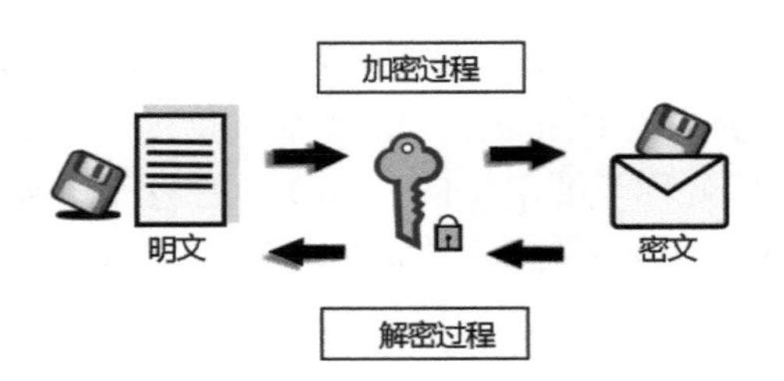

图 10-11 对称密钥加密系统进行加密和解密的过程

2. 非对称密钥加密系统

非对称密钥加密是目前应用较为普遍、金融界应用上最安全的加密方法，也被称为双密钥加密（Double Key Encryption），又称为公钥（Public Key）加密。这种加密系统主要的工作方式是使用两把不同的密钥——公钥（Public Key）与私钥（Private Key）进行加解密。公钥可在网络上自由公开，用于加密过程，但必须使用私钥才能解密。私钥必须由私人妥善保管。例如，用户A要传送一份新的文件给用户B，用户A会使用用户B的公钥来加密，并将密文发送给用户B；当用户B收到密文后，会使用自己的私钥来解密，如图10-12所示。

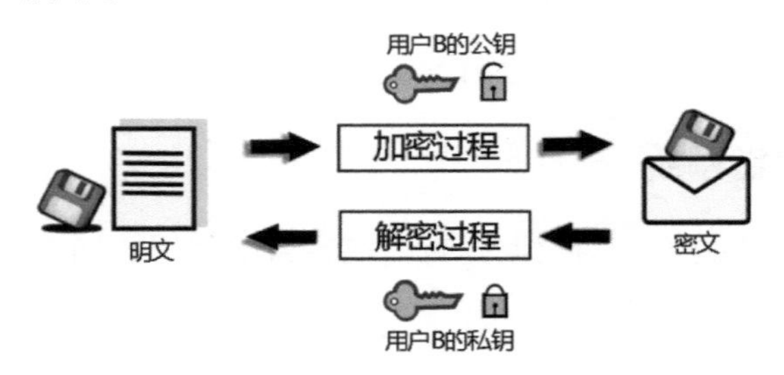

图 10-12 非对称密钥加密系统进行加密和解密的过程

非对称密钥加密系统通常用于长度较短的消息加密上，最大优点是密钥的安全性更高且容易管理，缺点是计算复杂、速度较慢、必须由认证中心（CA）来签发公钥。

RSA（Rivest-Shamir-Adleman）加密算法是目前普遍使用的一种非对称加密算法，是在1977年由罗纳德·李维斯特（Ron Rivest）、阿迪·萨莫尔（Adi Shamir）和伦纳德·阿德曼（Leonard Adleman）一起提出的，由他们三人姓氏的开头字母命名。

RSA加解密速度比“对称密钥加解密”速度要慢，方法是随机选出超大的两个质数p和q，使用这两个质数作为加密与解密的一对密钥，密钥的长度一般为40比特到1024比特之间。在加密的应用中，这对密钥中的公钥用来加密、私钥用来解密，而且只有私钥可以用来解密。要破解以RSA加密的数据，在短时间内几乎是不可能的，因此这是一种十分安全的加解密算法。

10.4.3　数字签名

在日常生活中，签名或盖章往往是个人或机构对某些承诺或文件承担法律责任的一种署名。在网络世界中，数字签名（Digital Signature）是属于个人或机构的一种“数字身份证”，可以用来鉴别数据发送者的身份。

“数字签名”的工作方式是以公钥和哈希函数互相搭配使用的，用户A先将明文的M以哈希函数计算出哈希值H，再用自己的私钥对哈希值H加密，加密后的内容即为数字签名，最后将明文与数字签名一起发送给用户B，如图10-13所示。由于这个数字签名是以A的私钥加密的，且该私钥只有A才有，因此该数字签名可以代表A的身份。由于数字签名机制具有发送者不可否认的特性，因此能够用来确认文件发送者的身份，使其他人无法伪造发送者的身份。

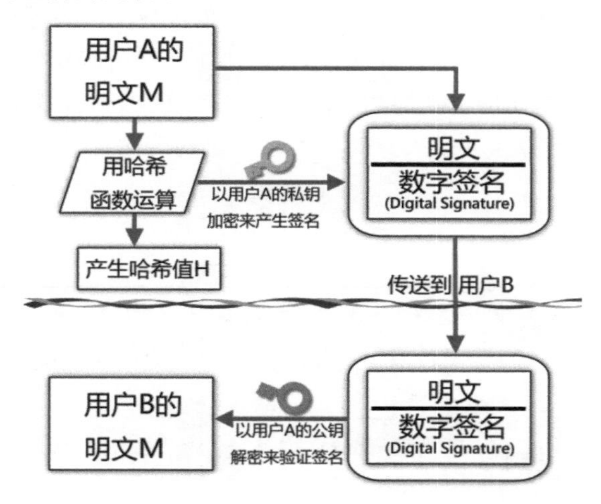

图 10-13　数字签名的过程

提　　示

哈希函数（Hash Function）是一种保护数据完整性的方法，对要保护的数据进行运算，得到一个“哈希值”，接着将要保护的数据与它的哈希值一同传送。

想要使用数字签名，就必须先向认证中心（Certification Authority，CA）申请数字证书（Digital Certificate）。数字证书（包含认证中心所签发的数字签名）可以用来认证公钥为某人所有以及信息发送者的不可否认性。通常认证中心的申请过程都不完全相同，只要用户按照网页上的指引步骤操作即可顺利完成申请。

提　　示

认证中心是一个具有公信力的第三者，主要负责证书的申请和注册、证书的签发和废止等管理服务。中国国内知名的证书管理中心如下：

中国金融认证中心：http://www.cfca.com.cn/。
北京数字认证股份有限公司：http://www.bjca.org.cn/。

10.4.4 数字认证

在数据传输过程中，为了避免用户A发送数据后否认，或者有人冒用用户A的名义传送数据而用户A本人不知道，我们需要对数据进行认证。后来又衍生出了第三种加密方式，结合了对称加密和非对称加密。首先以用户B的公钥加密，接着使用用户A的私钥做第二次加密，当用户B收到密文后，先以A的公钥进行解密（确认信息是由A发送的），再使用B的私钥进行解密，如果能解密成功，就可确保信息传递的保密性，整个过程如图10-14所示。这就是所谓的数字认证。数字认证机制看似完美，但是使用非对称密钥进行加解密运算时计算量非常大，对于大数据量的传输工作而言是沉重的负担。

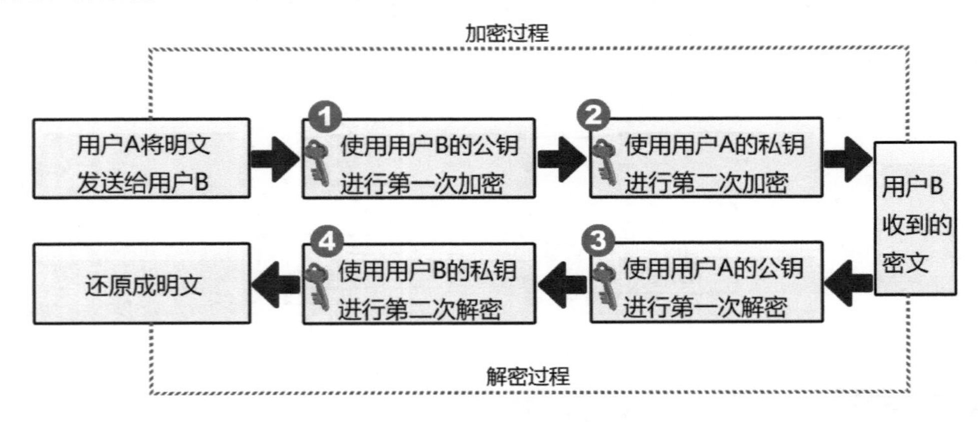

图 10-14　数字认证的过程

≫ 10.5　网络交易安全机制

随着电子商务愈趋成熟，网络购物的消费类型成为这个时代的趋势，目前电子商务的发展受到的最大考验就是在线交易的安全性。在线交易时，必须在网站上输入个人私密的资料，例如身份证号码、信用卡卡号等，如果这些资料不慎被第三者截取，就将造成用户的困扰与损害。为了打消消费者对网络购物安全的疑虑、建立消费者在线交易的信心，相关机构和组织为网络购物设计了很多安全原则和建议，但是到目前为止仍然没有国际标准化组织规范出一个完整的安全机制与协议的标准，以用于所有的网络交易。在这种情况下，市场上就形成了各个厂商自己定义的标准。在国际上，目前被商家和消费者所接受的电子安全交易机制是SSL和SET这两种。

10.5.1　SSL 协议

安全套接字层（Secure Socket Layer，SSL）协议是一种128位传输加密的安全机制，由网景（Netscape）公司于1994年提出，是目前网络上十分流行的数据安全传输加密协议。在支持的厂商中，不乏微软这种知名的公司。SSL的目的在于协助用户在数据传输过程中保护数据的安全。SSL数字证书包含一对公钥/私钥，以及已经通过验证的识别信息，并且使用RSA算法及证书管理架构在客户端与服务器之间进行加密与解密的过程。目前大部分的网页服务器或浏览器都支持SSL安全机制，其中包括微软的Internet Explorer浏览器。

为了提升网站安全性，百度、谷歌(Google)等知名网站也都陆续增添了https加密。例如，想要防范网络钓鱼的首要方法，就是要能分辨网页是否安全。一般而言，有安全机制的网站的网址通信协议必须是https://，而不是http://。https组合了SSL和http的通信协议。另一个识别方式是在网址栏中看看网址前面是否显示了SSL安全保护的标记——一把类似锁头的图标，在这个标记上双击鼠标左键就会显示安全认证信息。图10-15所示就是在微软的Edge浏览器中浏览百度网站时看到的Global Sign提供的SSL网站认证（同时也表示当前浏览器的网页与服务器间的通信数据均采用了SSL安全机制）。

图 10-15　采用 SSL 安全机制的网页

采用公钥技术验证对方身份，受验证方须持有认证机构（CA）的证书，其中内含持有者的公钥。需要注意的是，用户的浏览器与服务器都必须支持才能使用这项技术。SSL 3.0使用128位加密技术，但是加密算法较为复杂。为避免处理时间过长，购物网站通常只会选择几个重要网页设置SSL安全机制。

使用SSL的优点是，消费者不需要申请数字证书就能够直接解决数据传输的安全问题，缺点是当商家将数据内容还原并准备向银行收款时商家就会知道消费者个人的相关资料。如果商家管理不严格让这些资料外泄了或者是商家的不良员工盗用了消费者信用卡的信息，就会出现消费者的信用卡被盗刷等问题。

传输层安全协议（Transport Layer Security，TLS）是以SSL 3.0版本为基础改进的，利用公钥架构与非对称密钥加密等技术来保护在因特网上传输的数据，先将数据加密后再进行传送，以保证双方交换数据的保密性和完整性。TLS在通信的过程中确认对方的身份，提供了比SSL协议更好的通信安全性与可靠性，避免被未经授权的第三方窃听或修改，算是SSL安全机制的改进版。

10.5.2 SET 协议

SSL并不是最安全的电子交易机制，为了达到更安全的标准，信用卡国际公司VISA和MasterCard于1996年共同制定并发表了安全电子交易协议（Secure Electronic Transaction，SET），通过系统持有的公钥与用户的私钥进行加解密，以保障传递数据的完整性与保密性，并陆续获得IBM、Microsoft、HP及Compaq等软硬件大公司的支持。另外，SET安全机制采用非对称密钥加密和对称密钥加密组合的加密技术——采用著名的RSA和DES加密算法，使得传输于网络上的数据更安全，可以满足身份确认、隐私权保密、数据完整性和交易不可否认性的安全交易需求。

在SET工作方式下，消费者和网络商家无法直接在互联网上单独进行交易，双方必须在进行交易前预先向认证中心取得各自的SET数字认证证书。进行电子交易时，持卡人和特约商店所使用的SET软件会在电子数据交换前确认双方的身份。

提　示

信用卡3D验证机制是由VISA、MasterCard及JCB国际组织所推出的，具体做法是信用卡用户必须在信用卡发卡银行注册一组3D验证码，完成注册之后，当信用卡用户在提供3D验证服务的网络商店使用信用卡支付时，必须在交易的过程中输入这组3D验证码（确保只有用户本人能使用自己的信用卡成功交易），只有成功输入3D验证码并验证通过后才能完成在线刷卡支付的操作。

【课后习题】

1. 网络管理包含了哪些功能？
2. 什么是性能管理？
3. 简述配置管理的内容。
4. SNMP架构主要由哪几种组件组成？
5. 什么是代理？功能是什么？
6. SNMP定义了哪两种管理对象？
7. 简述SNMP三种不同版本的差异。
8. 在局域网中，网络管理的主要机制有哪些？
9. 什么是管理信息库？
10. MIB-I及MIB-II的管理群组有何差异性？
11. 说明RMON与MIB-II的最大不同之处。
12. 简述社交工程陷阱。
13. 什么是跨网站脚本攻击？
14. 试简单说明密码设置的原则。
15. 简述加密与解密的概念。
16. 信息安全所讨论的四个方面是哪些？
17. 简述信用卡的3D验证机制。
18. SSL与SET的最大差异是什么？

习 题 答 案

【第1章课后习题及答案】

1. 什么是UDP协议？

答：UDP是一种面向非连接的传输协议，允许在完全不理会数据是否传达目的地的情况下进行数据的传输。这种传输协议虽不可靠，但可适用于广播式通信的场合。UDP还具有一对多数据传输的优点，是TCP一对一数据传输所不具有的。

2. 试解释主从式网络与对等式网络之间的差异。

答：

❶ 主从式网络：在通信网络中，安排一台计算机作为网络服务器，统一管理网络上所有客户端所需的资源（包含硬盘、打印机、文件等）。其优点是网络的资源可以共管和共享，而且通过服务器存取共享资源，安全性较高；其缺点是必须有专业的网管人员，同时软硬件的成本较高。

❷ 对等式网络：在对等式网络中，并没有主服务器，网络上的每台计算机都具有同等级的地位，并且可以同时享用网络上每台计算机的资源。其优点是架设容易，不必另外设置一台专用的网络服务器，成本花费较低；其缺点是资源分散在各台计算机上，网络的管理与安全性都有一定缺陷。

3. 按照通信网络的架设范围与规模，网络可以分为哪三种类型？

答：局域网、城域网和广域网。

4. 简述通信网络系统的组成。

答：数据终端设备、数据通信设备、数据交换设备、通信介质、通信信号。

5. 简述网络的定义。

答：网络可视为硬件、软件与线路链接或其他相关技术连接的结合体，并将两台以上的计算机连接起来，使两端的用户能实时沟通、交换信息、分享资源。

6. 简述云计算。

答：云计算就是让用户可以利用简单的终端设备来使用网络上众多服务器提供的

各种计算机资源，也就是可以让网络上不同的计算机以一种分布式计算的方式同时帮用户处理数据或进行计算。简单来说，只要连接到云端，就可以存取超大型云端计算机中的数据及计算功能。

7. 什么是云计算的虚拟化技术？

答：云计算的虚拟化技术就是将服务器、存储空间等计算资源予以整合，让原本运行在真实环境中的计算机系统或组件运行在虚拟的环境中，主要是为了提高硬件资源的利用率，让云计算可以整合且动态调整计算资源，根据用户的需求迅速提供计算服务，让越来越强大的硬件资源可以得到更充分地利用。因此，虚拟化技术是云计算很重要的基础设施技术。

8. 简述边缘运算。

答：边缘运算属于一种分布式计算架构，可让企业应用程序更接近本地端边缘服务器上的数据，即数据不需要总是直接上传到云端，而是让客户端尽可能地靠近数据源，以减少网络延迟、减少对网络带宽的使用，目的是减少在远程云端中执行的计算量，从而最大限度地减少远程客户端与服务器之间发生的通信量。边缘运算将计算点与数据生成点之间的距离缩短了，因而具有"低延迟"的特性，这样一来数据就不需要再传递到远程的云端了。

9. 简述物联网。

答：物联网的概念最早是在1999年由学者Kevin Ashton提出来的，可以将物品通过网络相互连接，实际上就是将各种具有传感功能的物品或传感器（例如RFID、蓝牙4.0环境传感器、全球定位系统GPS、激光扫描仪等）与因特网结合起来而形成一个巨大的网络系统，全球所有的物品都可以通过网络主动交换信息，越来越多的日常物品会通过因特网连接到云端，通过因特网技术让各种实体对象、自动化设备彼此沟通和交换信息。

10. 物联网的架构有哪三层？

答：感知层、网络层与应用层。

11. 简述大数据及其特性。

答：大数据是指无法使用一般常用软件在可容忍时间内进行提取、管理及分析的大量数据，可以简单解释为巨大数据库加上处理方法的一个总称，是一套有助于企业大量收集和分析各种数据的解决方案。大数据的主要特性为大量（Volume）、高速（Velocity）、多样（Variety）和真实性（Veracity），即4V。

【第 2 章课后习题及答案】

1. OSI参考模型有哪七层？

答：应用层、表示层、会话层、传输层、网络层、数据链路层和物理层。

2. DoD模型有哪四层？

答：应用层、传输层、网际互连层（网络层）和网络接入层（链路层）。

3. 试说明MAC地址。

答：MAC地址也称为物理地址、硬件地址，是由网络设备制造商生产时刻录在网卡EPROM中用来确认网络设备位置的地址。MAC地址用于在网络中唯一标示一个网卡，因而也被称为网卡地址。

4. 传输层用来识别数据属于哪个应用程序的方法是什么？试说明之。

答：传输层通过端口（Port）的方法来识别数据包属于哪个应用程序的方法。一个应用程序开始执行之后，操作系统会分配给它一个端口号（每个应用程序的端口号不会重复）。数据包在传送给接收方时会指明接收方的应用程序端口号，接收方接收到数据时就可由这个端口号得知该由哪个应用程序来接收和处理这个数据。

5. 简述集线器及其相关功能。

答：集线器通常用于星形网络，并具备多个网口，用来连接网络上的设备、增加网络的节点、扩大网络的规模。虽然集线器上可同时连接多个设备，但是在同一时刻仅能有一对设备在传输数据，其他设备的通信只能暂时等待。因为集线器采用“共享带宽”的原则，各个连接的设备在需要通信时会先以广播方式把消息传送给所有设备，抢占到带宽才能进行数据的传输。

6. 说明网络层的工作内容。

答：网络层是OSI模型的第三层，主要工作是将一个网络设备的数据传输信息（路径、路由）发送给另外一个网络设备。发送端的网络层在接收到接收端网络层的回复消息后，将这些传输信息封装在数据包中，以确保数据包能直接传送至目的地。简单地说，网络层就是负责解读IP地址并决定数据要传送给哪一台主机，如果是在同一个局域网中，就会直接传送给局域网内的主机；如果不是在同一个局域网内，就会将数据包交给路由器，并由路由器来决定数据包传送的路径，再由目的网络的最后一个路由器来将数据包传送给目的主机。

7. 简述光纤的特性与传递原理。

答：光纤所用的材质是玻璃纤维，主要是由纤芯、涂覆层及护套(Jacket)组成的。它是利用光的反射特性来传送信号的。光线从波密物质射向波疏物质时，当入射角达到临界角度时不会发生折射而会发生全反射。光纤的纤芯是玻璃纤维，比周围的物质密度大，当光线以大于临界角的角度入射时，光线就会在光纤内持续发生全反射而不断向前传播，而不会折射到光纤外界。

8. 简述路由器的功能。

答：路由器属于OSI模型网络层运行的设备，可以过滤网络上的数据包，并将数据包按照大小、缓急与路由表来选择最佳传送路径，其中会综合考虑带宽、节点、线路质量、距离等因素，以便将数据包传送给指定的设备。

【第 3 章课后习题及答案】

1. 网络层与链路层最大的不同之处是什么？

答：网络层与数据链路层最大的不同之处是，数据链路层只能为处于同一条网络线路上的两个节点实现数据的传输，网络层却能为处于不同网络线路上的两个节点实现数据的传输。

2. IP地址是什么？试说明之。

答：在TCP/IP协议体系中，每台连接到因特网的计算机和网络设备都要有一个独一无二的IP逻辑地址，并且两台设备不能同时拥有同一个IP地址。在因特网上存取数据时，必须依靠这个地址来识别数据及其传送方向，这个网络地址就是因特网的通信协议地址，即IP地址。

3. 试说明路由表的主要功能。

答：路由表就是让路由器知道将数据包送往正确目的地的一个表格，用于决定数据包下一站所应前往的网络位置。

4. 试说明IP地址的意义。

答：将网络上所有的主机设备编上一个IP地址，以便可以识别各个主机设备在网络上的位置。这种地址是独一无二的，也就是说每一个地址只能配给一个主机设备。

5. 试介绍IP地址的结构。

答：IP地址是由32位组成的二进制代码，每8位为一个单位，为了方便表示，会以十进制来表示，所以每个单位可以用0～255的十进制数值来表示，每个单位之间以句点加以分隔。

6. IP地址中的4字节可以分成哪两部分？

答：IP地址中的4字节可以分为网络标识码与主机标识码。

7. 202.145.52.115与140.112.18.32分别属于哪类网络地址？

答：202.145.52.115属于202.145.52.0网络，一个C类网络地址；140.112.18.32属于140.112.0.0网络，是一个B类网络地址。

8. D类与E类网络地址分别有什么用处？

答：D类网络地址用作组播地址，E类网络地址用于实验。

9. 简述A类网络地址。

答：前导位为0，以1字节表示网络标识码（Net ID）、3字节表示主机标识码，第一个数字为0～127。每一个A类网络系统下辖2^{24}个主机地址。通常国家或地区级网络系统才可申请到A类IP地址，例如12.18.22.11。

10. 简述C类网络地址。

答：前导位为110，以3字节表示网络标识码、1字节表示主机标识码，第一个数字为192～223。每一个C类网络系统仅能拥有256个IP地址。C类网络地址适合一般的公司或企业申请使用，例如194.233.2.12。

11. 什么是回送地址？

答：127.0.0.1是回送地址，完全不能使用，专门用于本机回送测试。

12. 某公司申请了一个C类网络地址202.145.52.0，因为部门业务上的需求必须将该网络分割为5个子网，请问该如何分割？每个子网的地址范围是多少？

答：该公司需要5个子网，从C类网络地址的子网掩码设置表中可以得知必须向主机标识码“借”用3位，以产生2^3=8个子网，而且每个子网下有$2^5 - 2 = 30$个可用的IP地址。各个子网掩码的设置为11111111.11111111.11111111.11100000（255.255.255.224）。各个子网中有效IP地址的范围如下：

- 202.145.52.1 ~ 202.145.52.30
- 202.145.52.33 ~ 202.145.52.62

- 202.145.52.65 ~ 202.145.52.94
- 202.145.52.97 ~ 202.145.52.126
- 202.145.52.129 ~ 202.145.52.158
- 202.145.52.161 ~ 202.145.52.190
- 202.145.52.193 ~ 202.145.52.222
- 202.145.52.225 ~ 202.145.52.254

13. 简述子网掩码的表示法与功能。

答：子网掩码又被称为地址掩码或网络掩码，是由一连串的1与一连串的0所构成的，全部长度为32位。其表示方法与IP地址的表示法相同，可以利用一个与IP地址相同长度（32位）的子网掩码来辅助识别网络标识码与主机标识码。

14. 如果未进行子网分割，那么B类网络地址的子网掩码应设置为多少？

答：B类网络地址的子网掩码应设置为255.255.0.0。

15. 假设某企业申请了一个B类网络地址，而在它的规划中必须要有200个子网，每个网络中至少有200台计算机，那么子网掩码应该是多少？

答：由于需要有200个子网，因此必须向主机标识码“借”用8位来分割子网，子网掩码设置为11111111.11111111.11111111.00000000（255.255.255.0），而每个子网下有$2^8 - 2 = 254$个可用的IP地址。

16. 简述CIDR。

答：CIDR是一种将数个C类网络地址合并的方式，合并后的网络被称为超网络。它的基本概念和子网分割相同，只是应用的方法有所差别。子网分割是向主机标识码“借”位，超网合并则是主机标识码向网络标识码“借”位，将几个连续的C类地址合并成一个超网络。

17. 假如某企业需要2000个IP地址，分配到的是202.145.48.0 ~ 202.145.55.0的8个连续的C类网络地址，那么合并后的子网掩码是多少？

答：C类网络地址的子网掩码原本是255.255.255.0，如果要合并这8个C类网络地址，就必须将子网掩码改为255.255.248.0。合并后的这8个网络可以用202.145.48.0/21来表示，其中21这个数字代表使用21位来作为子网掩码。

18. 什么是面向无连接的数据传送方式？有何好处？

答：面向无连接的数据传送方式是指发送端只管将数据发送出去，其他的事不管，比如UDP协议就属于这种数据传送方式。为什么要用面向无连接的数据方式呢？原因是要让数据高速地在通信传输介质中传输，排除不必要的判断。

19. 试说明MTU的意义。

答： MTU（Maximum Transmission Unit，最大传送单元），代表一个网络所能传送数据包的最大尺寸，大于这个尺寸的数据包会被分割成好几个数据包来进行传送。

20. 详述IP数据包的组成。

答： IP数据包可分为报头和承载数据（也称为载荷）两大项。报头的大小可以存储20～60字节的数据，容量以4的倍数递增。IP报头中记录着IP数据包传送的相关信息，例如版本、数据包长度、存活时间、目的端地址、路由信息等。IP承载数据的内容主要是来自上层协议的封装数据，至于在传送过程中数据包如何抵达目的地，主要是靠IP报头中所记录的相关信息。例如TCP或UDP的数据包，最短为8字节，最长为65515字节。

21. IP数据包中重组标识字段的功能是什么？

答： 重组标识字段主要用来标识数据包的顺序，是由发送端（源设备）所定义的，其顺序以递增1的方式进行。等待数据包送达目的端后，就根据这些重组标识的顺序来重新组合数据包。

【第 4 章课后习题及答案】

1. 为什么IPv6有更好的安全性与保密性？

答： IPv6整合了IPSec安全通信协议，支持上层协议中的认证报头和加密安全有效载荷报头的认证或加密来实现IP级的数据安全性，未来用户不需要通过配备额外的设备或软件就可以实现网络安全。

2. IPv6具备哪些优点？

答： 提升路由效率，移动IP与自动配置机制，更好的安全性与保密性，解决IP地址不足与扩充性的问题，减少广播流量等。

3. 简述IPv6的地址表示法，并举例说明。

答： IPv6将128位拆成8段16位，每段以十六进制的数字0～F来表示，每段以冒号（:）分隔。例如：

```
2001:5E0D:309A:FFC6:24A0:0000:0ACD:729D
```

4. IPv6中定义了哪三种地址？

答：单播、组播以及任播。

5. 什么是全局单播地址？

答：由IANA统一分配，用来连上因特网的地址，最前面的3位固定是001保持不变，子网地址为16位，接口地址为64位，如同IPv4的主机地址，在整个因特网中具有唯一性，地址以2或3开头，其他节点不会有相同的地址。

6. 在IPv6中定义了哪两个保留的地址？

答：第一个是0:0:0:0:0:0:0:0，是一个未指定的地址，表示不能指定给任何主机作为源地址来使用，也不能作为目的地址来使用；另一个保留的地址是0:0:0:0:0:0:0:1，是一个回送地址，相当于IPv4中的127.0.0.1。

7. 什么是组播地址？

答：一个组播地址可定义一组主机，这些主机既可以是同一个网络的也可以是不同网络的。组播会标示出一组接收地址，即指定接收组播数据包的地址。组播地址的前8位是前缀，为11111111，最后112位是组地址，通常是以FF开头的地址。

8. IPv6在报头设计上有何特别之处？试简述之。

答：以往IPv4报头包括所有选项，因此在传送过程中路由器必须不断地检查报头中的所有选项是否存在，若存在则进行处理。这样重复检查降低了IPv4数据包传送的性能。在IPv6报头的设计中，传输和转发等选项都定义在扩充报头中，因而提升了数据包传送的报头处理速度。

9. IPv6的自动配置有哪两种？

答：IPv6的自动配置机制可简化主机IP地址的配置，包括全状态自动配置和无状态自动配置两种。

10. 无状态地址自动配置的好处是什么？

答：无状态地址自动配置是IPv6通信协议才有的功能，该机制不需要使用DHCP服务器，只要把设备接上网络，网段的路由器就会自动配发IP地址给设备，设备立即可上网。

11. 试简述双栈技术的原理。

答：双栈是指在同一个网络内同时具备IPv4和IPv6通信协议，可让原来使用IPv4

地址的计算机直接使用IPv6地址。只要计算机或者网络上的路由器同时支持IPv4和IPv6即可，每台设备会同时拥有IPv4和IPv6地址，两种网络同时并存却又不相互干扰。

【第 5 章课后习题及答案】

1. 试简述地址解析协议。

答： 地址解析协议在RFC 826文档中有详细的规定，主要功能是连接IP地址与MAC地址。它运行于局域网中，用来获取计算机或网络设备的MAC地址。

2. 两台计算机位于不同的局域网内，如何才能完成ARP的操作？

答： ARP只能解析同一个网络内的MAC地址，若两台计算机位于不同的局域网内，则中间必须通过路由器（或交换机）的转发才可完成。

3. 试说明ARP缓存分为哪几种类型。

答： ARP缓存分为静态与动态两种类型。静态记录是经由网管人员以手动方式添加或更新的，会维持在ARP缓存中，不会因为时间逾期而删除，而会一直保留直到计算机重新启动。动态ARP缓存有时效性，记录超过就会被删除。以微软公司的Windows操作系统为例，ARP缓存保留时间为10分钟，若超时则ARP作业流程必须重新执行。

4. 简述ARP数据包的种类与内容。

答： ARP发出物理地址查询需求的操作被称为ARP请求，回应物理地址的操作被称为ARP应答。这两种操作数据包中字段的格式是相同的，主要是记录IP地址与MAC地址的相关信息。

5. 简述ICMP协议。

答： ICMP（Internet Control Message Protocol，因特网控制报文协议）运行于DoD模型的网络层，不过它的数据并不直接送往网络层。ICMP数据包封装在IP协议的数据包中再传送出去，可以说是IP协议的辅助协议，可提供IP协议所不具备的网络状况或错误等报告。

6. ICMP消息按照作用可以分为几种？

答： ICMP消息按照作用可以分为查询报文与差错报告报文两种。

7. ICMP数据包的Type字段值为12时代表什么含义？

答： 代表Parameter Problem（参数问题）。

8. 试说明Echo Request与Echo Reply数据包的Sequence Number字段的含义。

答：长度为2字节，通常用来识别所送出的数据包，由Echo Request的发送端产生，第一次发出数据包时该序号为随机产生，而且每发送一个数据包就递增1，用来区分所发出的是第几个ICMP数据包。

9. 路由器收到一个IP数据包，发现并不是最佳路径时会如何处理？

答：如果路由器收到一个IP数据包，将数据包传送给默认路由器，那么当数据包到达后，默认路由器检查本身的路由表，发现并不是最佳路径，它会先把IP数据包转发给下一个路由器，同时发送一个Redirect数据包给该IP数据包的主机，以告知它最佳路由器的IP地址。这样下次再传送数据包时，发送端的主机就可以选择最佳路径来传送。

10. Source Quench数据包的功能是什么？

答：Source Quench（源抑制）数据包用来协助IP协议实现流量管理的功能，告知源主机数据包已被丢弃，应放慢数据包的发送速度以免造成网络持续拥塞。

11. 在哪两种情况下路由器或主机会发出Time Exceeded的消息？

答：IP数据包的TTL字段值变为1和在指定时间内无法重组IP数据包。

【第 6 章课后习题及答案】

1. 试举出UDP的三个特性。

答：UDP是一种较简单的面向无连接的通信协议，具有多路复用与多路分用的功能，每一个UDP数据包所携带的数据包都是一个完整未经分割的数据。

2. 通信端口的功能是什么？

答：通信端口是指数据传送与接收的窗口，当接收端接收到从网络上传送来的数据包时，必须要知道是哪一个应用程序要使用的数据包。当数据传送出去时，也必须指定由接收方的哪一个应用程序来接收和处理，这就是通信端口的功能。

3. 什么是Socket地址？

答：一个IP地址结合一个端口号就被称为Socket地址。IP地址是给路由器看的，而端口号是提供给UDP进行处理的。

4. 什么是注册端口号？

答：范围是1024~49151的端口号被称为注册端口号，为普通程序所使用，软件公司或相关产业可以向IANA注册和申请，以免被重复使用。

5. 在UDP的数据包中，哪个字段信息最重要？为什么？

答：目的端口号占16位。目的端的应用层端口可以算是报头中最重要的信息，记录数据包的目的端口号，结合IP地址之后，成为主机与应用程序有意义且唯一的地址，相当于记录了这份数据要传送给哪一个程序。

6. TCP有哪些特性？

答：面向连接、确认与重发、流量控制。

7. Flag又称为代码位，长度为6位，试问有哪6个标志设置？

答：URG、ACK、PSH、RST、SYN、FIN。

8. 什么是紧急数据指针？

答：紧急数据指针的长度为16位，必须与URG标志共同使用，当Flags字段中的URG设置为1时此字段才有作用，其值为需要紧急处理的字节数。例如该字段设置为5时，表示TCP数据中第0～4字节需要紧急处理。

9. 什么是连接时的“主动式关闭”与“被动式关闭”？

答：在服务端进行数据传送时，客户端已经完成指令的要求，不用再继续保持至服务端的连接，于是主动提出终止连接的请求（客户端至服务端），即主动式关闭连接。此时服务端至客户端的连接仍然存在，继续数据传输的操作，等到数据传送完毕，服务端再要求终止至客户端的连接，这个操作被称为被动式关闭连接。

10. 试简述同步连接起始。

答：TCP是一种双向传输的协议，在网络中任何一个设备都有可能同时扮演客户端与服务端的角色。收发双方同时发起建立连接（虽然这种概率不大，但是仍有可能发生），也就是双方所发出连接请求的数据包同时抵达，这种情况被称为同步发起连接。

11. 试简述滑动窗口的功能。

答：滑动窗口可以想象成现实中的窗户，窗口打开幅度越大，数据流量越大；窗口打开幅度越小，数据流量越小。必要的时候，可以将窗口完全关闭，让发送端无法送出数据。

【第 7 章课后习题及答案】

1. 试说明URL的含义。

答：URL就是WWW服务主机的地址，用来指出某一项信息所在的位置及存取方式。严格来说，URL就是在WWW上指明通信协议并以地址来获得网络上各式各样的服务。

2. 文件传输分为哪两种模式？

答：文件传输分为下载和上传两种模式。下载是从客户端通过因特网提取服务器中的文件，将其存储在客户端的计算机上。上传则相反，是客户端的用户通过因特网将自己计算机上的文件传送到服务器上。

3. 什么是网络电话？

答：网络电话是利用VoIP技术将模拟的语音信号经过数字化与压缩后，以数据包的形式在基于IP的数据网络上传输语音的一种通话方式。

4. 试评论P2P软件的优缺点。

答：P2P是一种点对点分布式网络架构，可让两台以上的计算机建立连接。P2P软件本身只提供用户连接的文件信息，并不提供文件下载的服务，虽然在使用上有便利性、高质量与低成本的优势，不过也带来了病毒攻击、商业机密泄露、非法软件下载等问题。

5. 简述流媒体技术的原理。

答：流媒体是近年来热门的一种网络多媒体传播方式，原理是把连续的视频和声音信息经过压缩处理后分解成许多小数据包，再将数据流不断地传送到客户端。客户端计算机采用网络数据包重组技术，同时建立一个缓冲区，将播放前预先下载的一段视频数据暂存在缓冲区中。当网络实际的数据传输速度小于视频播放速度时，流媒体播放程序就会取用缓冲区内的一小段数据（也就是在收到部分视频文件的内容后即进行播放，而不是等到整个视频文件都传输完毕才开始播放，避免播放中断），将视频实时呈现在客户端的屏幕上。

【第 8 章课后习题及答案】

1. 试说明FQDN与PQDN。

答：FQDN（Fully Qualified Domain Name，完全限定的域名）也被称为完全合格

的域名、全域名，主要由主机名、域名及“.”符号所组成。如果名称中不包括“.”，则被称为部分限定的域名（Partially Qualified Domain Name，PQDN）。

2. 什么是域名？什么是域名服务器？

答：域名以一组英文缩写来代表以数字为主的IP地址。每一个域名都是唯一的，不能重复，必须经过申请才能使用，其中负责IP地址与域名转换工作的计算机被称为域名服务器。域名结构如下：

主机名.机构名称.机构类别.国家或地区名称

3. 试简述什么是域名中的机构类别。

答：域名中的机构类别是指这个主机所代表单位的组织代号，比如www.abc.com.cn，其中com就表示一种商业性组织。

4. 什么是正向名称查询？

答：当主机以完全限定的域名请求DNS服务器查询对应的IP地址时，这个操作被称为正向名称查询。

5. 什么是主域名服务器？

答：主域名服务器负责管理区域内所有计算机的名称，并记录在区域文件中，它是其他域名服务器的数据源，一个区域内只能有唯一一台主域名服务器。

6. DNS的分层架构基本上分为哪四层？

答：根域名、顶级域名、第二级域名与主机。

7. 根域名的功能是什么？

答：根域名为DNS最上层未命名的域名，也就是一个空字符串，当下层的DNS无法对应到某个名称时可寻求根域名的协助，它会由上往下找寻主机名。如果该主机确实有登记，就一定找得到相对应的IP地址。

8. 什么是主机？名称上有哪些注意事项？

答：主机属于第二级域名之下的名称。用户可以向各个域名的管理员申请所需的主机名，或继续往下分为更多的域名。网络管理人员可以自行规划与命名，但是同一级域名内的主机名不得重复，域名最多不得超过255个字符。

9. 什么是DNS服务器的实际广辖范围？试说明之。

答： 区域是每个DNS服务器真正管理的范围，可以视为DNS服务器所管理下一层的主机范围，并没有下一层子域名。当节点以下不再划分子域名时，区域大小就等于域名包含的网域大小。换言之，区域可能小于或等于域名包含的网域，但绝不能大于域名包含的网络。

10. 一个区域的数据可以由多台DNS服务器来维护，这些服务器按照功能主要可分为哪三种？

答： 一个区域的数据可以由多台DNS服务器来维护，这些服务器按照功能主要可分为主域名服务器、辅域名服务器与高速缓存专用服务器。

11. 试说明区域传送。

答： 辅域名服务器的主要工作是定时向主域名服务器进行区域文件的复制，并存储为只读文件，它本身并不负责直接修改区域文件，这个复制区域文件的操作被称为区域传送。

12. 转发程序的功能什么？

答： 虽然我们可以往上层的DNS服务器或根域名服务器进行查询，但是基于时间、带宽等效率上的考虑，也可以直接设置转发程序来提供不同的选择。当我们在区域中的DNS服务器上查询不到对照的数据时，可以通过转发程序将查询请求转发到指定的DNS服务器进行查询。

13. 试说明递归查询的方式。

答： 递归查询的方式是由各层的DNS服务器向上一层的DNS服务器进行查询，只要查询到IP地址后再逐层回报每一层DNS服务器，直至消息回报给客户端为止。

14. 什么是资源记录？它提供哪些主要的信息？

答： 区域内所创建的数据称为资源记录。当我们创建一个区域时，DNS服务器会自动产生一个区域文件，以所创建的区域名称作为文件名，例如区域名称为abc.com.cn，则区域文件名为abc.com.cn.dns。区域文件提供的主要信息是所有者、时间限定、类别、类型和特定记录数据。

15. 什么是起始授权机构记录？

答： 起始授权机构记录是资源记录文件的第一条记录，用来设置DNS名称、管理员信息、更新时间、序号等。

16. 试说明DNS数据包报头的查询标识字段的作用。

答： 查询标识字段长度为16位，又被称为Query ID或Transaction ID，用来记录DNS的数据包编号，是客户端在查询数据包发出前自动产生的，DNS服务器回复时会将响应数据包加上同样的编号，客户端接收到数据包后就可以据此判断是哪一个查询数据包的响应。

17. 试介绍额外记录区。

答： 额外记录区的内容对应于授权区，它的字段格式与回复区相同，但是在资源名称字段中所存放的是DNS服务器的名称、在资源数据字段中存放的是DNS服务器的IP地址。

【第 9 章课后习题及答案】

1. DHCP的功能是什么？试简述之。

答： DHCP可说是BOOTP的加强版，主要功能是让计算机能够通过以太网地址广播，向DHCP服务器获取局域网的IP地址、子网掩码、默认网关、DNS等设置，省去手动逐一设置的操作，并会在DHCP服务器上记录此IP地址。如果有另一台DHCP客户端需求IP地址，就再分配一个未使用的地址给它，如此就可以避免IP地址冲突的问题，大幅提升操作上的便利性。

2. 试说明DHCP的架构。

答： DHCP采用主从式架构，在网络DoD模型中是属于主机对主机层的通信协议。它使用UDP协议进行数据包的传送，包含两个主要成员：DHCP客户端和DHCP服务器。

3. 试举出至少三种DHCP客户端发出的数据包。

答：

名　称	说　明
DHCPDiscover	DHCP 客户端所发出的数据包，用来寻找网络上的 DHCP 服务器
DHCPRequest	DHCP 客户端所发出的数据包，请求服务器提供 IP 地址；如果是用来续约 IP 地址的数据包，就使用单播来发送数据包
DHCPDecline	DHCP 客户端所发出的数据包，拒绝服务器提供的 IP 地址
DHCPRelease	DHCP 客户端所发出的停止租约 IP 地址的数据包，服务端可以将此 IP 地址租用给其他主机

4. 为什么DHCP的安全性较高？

答：只要没有大的变动，使用静态IP地址的主机地址是不可以随意改变的。对于使用DHCP服务分配动态IP地址的客户端来说，每一笔动态IP地址都会与客户端主机的计算机名称和MAC地址建立关联并更新相应的配置信息，只要主机有使用不当的行为，就会在DHCP服务器里留下记录。此外，由于客户端每次连接网络都使用不同的IP地址，因此可以减少被黑客攻击的机会，进而提高了客户端的安全性。

5. 列举DHCP的优点。

答：设置与管理方便、维护简单与IP地址可重复使用、安全性较高。

6. 解释DHCP数据包的OP Code字段的功能。

答：长度为8位，用于表示数据包是由客户端还是服务端所发出的。OP等于1时，表示数据包是从客户端传送给服务端的；OP等于2时，表示数据包是由服务端传送给客户端的。

7. 简述DHCP中继代理。

答：DHCP数据包大都是以广播方式在同一个网络(局域网)中传送的，如果DHCP客户端与服务端分别位于不同的局域网中，那么这个数据包将无法通过连接这两个网络的路由器，就会被路由器丢弃。此时可以在客户端的局域网中指定一台主机当作DHCP中继代理。

8. 说明DHCP同意IP地址租约的最后流程。

答：当被选定的DHCP服务器收到DHCPRequest数据包后，如果同意客户端计算机的IP租约请求，就会广播DHCPAck数据包给客户端计算机以确认IP地址租约正式生效，客户端计算机便会将设置值填入TCP/IP的网络配置参数中，并开始计算租用的时间，到此一个IP地址租约的流程就完成了。

9. 解释DHCP数据包中siaddr字段的功能。

答：DHCP服务器IP地址，长度为32位。

10. 描述DHCP数据包中Options字段的功能。

答：用于DHCP选项设置，最大值为312字节，长度不固定，因为其包含的字段并不是每个数据包中都会出现。Options字段中的字段信息包括租约期限、数据包类型和IP地址额外信息等。

【第 10 章课后习题及答案】

1. 网络管理包含了哪些功能?

答：故障管理、会计管理、配置管理、性能管理及安全管理。

2. 什么是性能管理?

答：性能管理用来衡量网络的运行效率，涉及监控网络性能和适当调整网络，提供不同网段各种连接的网络性能分析，以及测试网络反应时间的管理。性能管理也可视为一种预防性的故障管理。

3. 简述配置管理的内容。

答：配置管理是五大网络管理功能的中心，主要工作是获取网络系统当前的运行情况、设置或修改网络与计算机的使用状态，包括连接到网络的设备、连接方式以及这些设备目前的系统功能参数，还包括用来管理所有网络设备的配置信息、定义所有网络服务的组件，并对这些组件加以管理和控制，以确保相关信息的准确性。例如，对路由器、网桥和主机的物理和逻辑地址关联及改变网络系统的功能参数的管理、设置和监控。

4. SNMP架构主要由哪几种组件组成?

答：管理员、代理、SNMP协议、信息管理库。

5. 什么是代理？功能是什么?

答：代理是SNMP运行架构中直接被管理员控制的设备节点，也被称为网管代理。通常是一个进程（运行在被监控的网络设备上），因此也被称为代理设备。代理用于监控和查看管理节点、负责读取与收集被监控设备上的相关信息，如路由器、网桥等，以及为管理员提供管理信息数据。代理必须随时记录网络上发生的各种事件，通过源端口把响应数据包传送给管理端主机，管理员可以通过网络来存取网络客户端存放在MIB内的管理信息。

6. SNMP定义了哪两种管理对象?

答：管理员和代理，前者用来执行网管软件的主机，后者负责收集网络状态的主机。

7. 简述SNMP三种不同版本的差异。

答：SNMP有三种不同的版本，演进顺序是v1、v2、v3，使用最广泛的是SNMPv1。1992年制定SNMPv2协议时，针对SNMPv1协议中不完善的地方做了许多改进，特别是在安全性方面，不过这方面的改进使得它在管理上变得更加复杂和难以管理。虽然SNMPv2增加了对大型网络的支持与分布式处理能力，但是实用性远不如SNMPv1。SNMPv3由RFC 3411-RFC 3418定义，主要强化了SNMP在安全性和远程配置方面的功能，改进了SNMPv2在访问控制、保密、认证方面的不足。

8. 在局域网中，网络管理的主要机制有哪些？

答：在局域网中，网络管理的主要常见机制有轮询、陷阱、设置三种。设置是指管理员对代理执行参数设置的工作，通常可能是网络发生异常状况时由管理员根据陷阱消息所进行的设置工作。

9. 什么是管理信息库？

答：在现实环境中，不同的网络或设备对数据的表达方式是存在差异的，因此必须采用一套抽象的语法来描述所有类型的信息，即管理信息库。

10. MIB-I及MIB-II的管理群组有何差异性？

答：MIB的作用是定义代理的对象属性及功能，每个MIB对象都具有唯一的对象标识符，管理员借助MIB了解每一个网络设备的信息。MIB有许多版本，其中ISO所制定的MIB-I和MIB-II是较具整合性的标准。MIB-I版本中定义了8个管理组，分别是System、Interface、Address Translation、IP、ICMP、TCP、UDP及EGP；MIB-II则另外新增了Transmission和SNMP两个组。

11. 说明RMON与MIB-II的最大不同之处。

答：RMON与MIB-II的最大不同之处在于RMON管理信息库中所有的网管对象都是表格对象，并细分为控制表对象和信息表对象。前者主要用来设置信息表对象应记录哪些网络信息，后者存放RMON Probe实际收集到的网络状态信息。

12. 简述社交工程陷阱。

答：社交工程陷阱是一种利用大众疏于防范的信息安全攻击方式，例如利用电子邮件诱骗用户开启文件、图片、工具软件等，从而套取用户的秘密，例如用户名单、用户密码、身份证号码等。

13. 什么是跨网站脚本攻击？

答：跨网站脚本攻击是指攻击者在网站链接中插入恶意代码，当用户通过浏览器访问该网站时窃取用户的Cookie或者开启后门窃取用户密码与个人信息，甚至于冒用用户的身份。

14. 试简单说明密码设置的原则。

答：

❶ 密码长度尽量大于8个字符。

❷ 最好能组合英文、数字和符号。

❸ 最好在不同的社交网站使用不同的密码，并且定期进行更换。

❹ 密码不要与账号相同，如果发觉账号有异常注销的情况，就立即更新密码，确保账号不被黑客夺取。

❺ 尽量避免使用有意义的英文单词作为密码。

15. 简述加密与解密的概念。

答：加密就是将数据经过特殊算法把原文转换成无法辨识的字母或乱码序列。当加密后的信息或数据传送到目的地后，将密文还原成明文的过程就称为解密。

16. 信息安全所讨论的四个方面是哪些？

答：物理安全、数据安全、程序安全、系统安全。

17. 简述信用卡的3D验证机制。

答：信用卡3D验证机制是由VISA、MasterCard及JCB国际组织所推出的，具体做法是信用卡用户必须在信用卡发卡银行注册一组3D验证码，完成注册之后，当信用卡用户在提供3D验证服务的网络商店使用信用卡支付时，必须在交易的过程中输入这组3D验证码（确保只有用户本能以使用自己的信用卡成功交易），只有成功输入3D验证码并通过验证后才能完成在线刷卡支付的操作。

18. SSL与SET的最大差异是什么？

答：SSL与SET的最大差异是，前者的消费者与网络商家在进行交易前必须先行从认证中心取得各自的数字证书，因为在交易前要先确认双方的身份才能继续进行电子交易。